傅金和　张文燕　袁金玲　◎主编

中国大熊猫与食竹

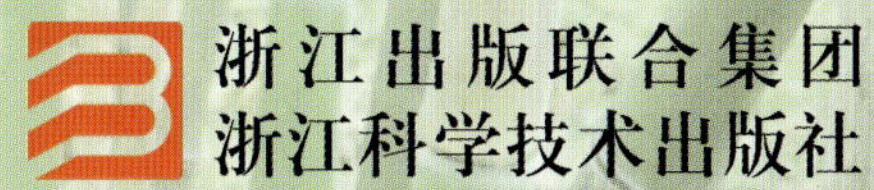
浙江出版联合集团
浙江科学技术出版社

图书在版编目(CIP)数据

中国大熊猫与食竹 / 傅金和，张文燕，袁金玲主编. —杭州：浙江科学技术出版社，2011.10
ISBN 978-7-5341-4250-5

Ⅰ.①中… Ⅱ.①傅… ②张… ③袁… Ⅲ.①大熊猫—画册 ②竹亚科—画册 Ⅳ.①Q959.83—64 ②Q949.71—64

中国版本图书馆CIP 数据核字(2011)第 190547 号

书　　名	**中国大熊猫与食竹**
主　　编	傅金和　张文燕　袁金玲
出版发行	浙江科学技术出版社 杭州市体育场路 347 号　邮政编码:310006 联系电话:0571-85170300-61711 E-mail:zx@zkpress.com
排　　版	杭州兴邦电子印务有限公司
印　　刷	浙江新华数码印务有限公司
经　　销	全国各地新华书店

开　　本	889×1194　1/16	印　张	16.25
字　　数	405 000		
版　　次	2011 年 10 月第 1 版		2011 年 10 月第 1 次印刷
书　　号	ISBN 978-7-5341-4250-5	定　价	140.00 元

责任编辑　詹　喜　张　特　　**封面设计**　金　晖
责任校对　张　宁　　**责任印务**　徐忠雷

前 言

大熊猫是我国特有的珍稀野生动物，有“国宝”和“活化石”之称，具有极高的生态、文化及美学观赏价值和学术价值，在政治、经济、外交等领域也发挥着十分独特的作用。《中华人民共和国野生动物保护法》将大熊猫列为国家Ⅰ级重点保护野生动物；《濒危野生动植物种国际贸易公约》（简称CITES公约）将大熊猫列为附录Ⅰ物种；世界自然基金会（简称WWF）早在成立之初，就将大熊猫确定为会旗、会徽图案物种。因此，大熊猫已成为我国乃至全球野生动物保护战线的旗舰物种。保护大熊猫及其栖息地，既是我国生态环境建设的需要，也是世界自然保护事业的重要组成部分。

作为世界级的濒危野生动物，大熊猫在几百万年的演化过程中，形成了以竹为食的高度特化的食性。关爱大熊猫、拯救大熊猫，离不开发展和保护大熊猫赖以生活、生存的食竹，这也就是我们编写出版本书的初衷。编者在多次考察大熊猫栖息地并多次拜访四川的卧龙、碧峰峡、成都和陕西楼观台等大熊猫基地以及美国的亚特兰大和华盛顿国家动物园后，感到编写一本有关大熊猫食竹的书很有必要。

在本书中，我们收集整理了一些有关大熊猫的基础知识、信息和研究成果，大熊猫食竹的生物学、生态学习性以及食竹的植物学分类知识，期望能为普及大熊猫科学知识，让人们更好地认识大熊猫，为发展大熊猫食竹的科学喂养事业，大熊猫栖息地保护和走廊带建设，大熊猫的拯救和保护尽一份微薄之力。

本书的第一编主要摘自我国大熊猫研究专家胡锦矗先生的研究报告，大熊猫饲养和管护技术主要参考北京动物园的研究结果，在此一并对他们表示诚挚的感谢。本书由国家林业局国际合作项目“竹子与大熊猫保护项目”资助出版，对此深表谢意。

编　者

2011 年 8 月

《中国大熊猫与食竹》编委会名单

顾　　问　马乃训

主　　编　傅金和　张文燕　袁金玲

编写人员　傅金和　张文燕　袁金玲　张培新　周昌平
　　　　　刘颖颖　胡娇丽　马赛君　金学林　李　越

目录

第一编　大熊猫拾零

第二编　竹的生长和营养成分

第三编 大熊猫食竹图谱

第一编

大熊猫拾零

一 大熊猫，猫乎？熊乎？

（一）大熊猫的起源与演化

大熊猫在生物分类上属于脊索动物门（Chordata）哺乳纲（Mammalia）食肉目（Carnivora）动物，为肉食性的哺乳动物。

目前已知最早的食肉目兽类出现在距今7 000万年前的第三纪初期的古新世，通常称它们为古食肉类。古食肉类通过漫长的对不同环境的适应和进化，发展出进化的一支基础食肉动物，曾被称为原古食肉类（Procrerodi）；还演化出了新的一类，称为麦牙西兽（Miacis），它们的脑更加发达，牙齿的结构也更加适应肉食的习性。麦牙西兽演化为现代新食肉类，并分为狗形类（Cynoidea）和猫形类（Feloidea）两大类，其中狗形类演化为3支。

狗形类的主支，在始新世的晚期和距今2 600万年前的渐新世演化出了早期的狗，到距今300万年以后的更新世演化成现代的狼、犲、狐、貉等犬科动物。

狗形类的第2支是在渐新世初期分化出来的。它的祖先型有古鼬和始鼬，以后进一步发展出了鼬、貂、水獭、獾等鼬科动物。

狗形类的第3支是在始新世早期就分化出来的重要一支。开始出现了始熊类，它们的面貌似熊，而大小仅有狗大。在这之后，于渐新世分化出了一个分支，它们向着追逐和捕捉的方向发展，适应着攀爬和杂食的食性。到了中新世时，它们朝着两个方向发展，一个方向发展为古浣熊，另一个方向发展为始熊猫。

始熊猫的化石出现在晚中新世，那时人类的进化尚处在古猿时期，发现的地点在云南西北禄丰和元谋的褐煤地层，说明它们的生活环境接近沼泽地带，食物还不完全以竹子为主。以后由于大熊猫分布到特殊的生态环境，才转变为以少竞食者而分布又广的竹类为生。

始熊猫可能是现代大熊猫的祖先，中国很可能亦是人们寻觅一个世纪的大熊猫祖先的祖籍地。在逐代进化演变中，到了距今60万－70万年前的更新世中期，一支经历了多次冷暖交替、体型也进一步增大的大熊猫适应了下来。它的头骨结构特征与大熊猫现生种没有本质的差别，可认作同一物种，只是从头骨大小上判断，它的体型较大异于现生种。多数学者将它命名为大熊猫巴氏亚种（*A.m.*var. *baconi*），也称为巴氏大熊猫。它不仅遍布我国东南地区，还出现在我国邻近的东南亚国家，达到了空前繁盛。到距今1.8万年以前，最后一次（第4次）冰川期的高峰到来后，气候变冷，加之喜马拉雅山造山运动，地壳抬升，巴氏大熊猫逐渐衰退。在距今约1.2万年的最后一次冰川期结束，该亚种遭到大量绝灭。而在我国长江中上游至青藏高原东部的过渡地带，气候相对稳定，人类干扰少，在这大片未开垦的处女地上，现今的大熊猫得以生存，它们的体型比巴氏大熊猫缩小了1/9－1/8。这个经历了残酷的自然选择得以存活下来的物种，今天仍然生存于秦岭、岷山、邛崃山和凉山等山系森林中。

因为在更新世中期与大熊猫伴生的哺乳动物大多已在以后的地质年代中被新的物种所代替，唯有大熊猫一直延续至今，所以大熊猫也有动物“活化石”之称。大熊猫从中新世晚期始熊猫的起源开始，历经了800万—900万年的沧桑演变和进化（表1–1）。

表1–1　地质年代与生物历史对照表

代	纪	世	距今年代	地质现象和自然条件	植物	动物	进化时代
新生代	第四纪	全新世	1万年	冰川广布，黄土生成，气温逐渐下降	被子植物繁盛	猿人出现，人类发展，高等哺乳动物繁盛	人类时代
		更新世	300万年				
	第三纪	上新世	1 200万年	气候渐冷，有造山运动		哺乳类及鸟类兴盛，灵长类及类人猿出现	被子植物和哺乳动物时代
		中新世	2 500万年				
		渐新世	4 000万年				
		始新世	6 000万年				
		古新世	7 000万年				
中生代	白垩纪		1.35亿年	晚期有造山运动，后期气候变冷	前期裸子植物为主，后期被子植物兴起	有袋类繁盛，有胎盘动物及鸟类兴起，大爬行类灭亡	裸子植物和爬行动物（恐龙类）时代
	侏罗纪		1.8亿年	气候温暖，有气候带分布	被子植物出现	单孔类繁盛，原始有袋类出现，大爬行类占统治地位	
	三迭纪		2.25亿年	气候温和，地壳较平静	裸子植物（银杏、松柏等）繁盛	大爬行类（恐龙）占优势，原始哺乳动物出现	
古生代	二迭纪		2.7亿年	末期造山运动频繁，大陆性气候，炎热干燥	裸子植物兴起，蕨类开始衰退	爬行类开始兴盛	
	石炭纪		3.5亿年	有造山运动，气候湿润温暖	种子蕨繁盛，原始裸子植物出现	两栖类繁盛，原始爬行类出现，昆虫兴起	蕨类和两栖动物时代
	泥盆纪		4亿年	海陆变迁，出现广大陆地，气候转向干燥炎热	裸蕨类和木本蕨繁盛，种子蕨（古羊齿）出现	鱼类极盛，昆虫及原始两栖类（坚头类）出现	裸蕨植物和鱼类时代
	志留纪		4.4亿年	末期有造山运动，局部气候干燥，海面缩小；初期是平静海浸时期	陆生植物裸蕨类出现	水生无脊椎动物（苔藓虫、珊瑚）繁盛，原始鱼类出现	
	奥陶纪		5亿年	浅海广布，气候温暖	海藻繁盛	水生无脊椎动物（笔石、三叶虫、头足类）繁盛	真核藻类和无脊椎动物时代
	寒武纪		6亿年	地壳静止，浅海分布	藻类兴起	棘皮、海绵、软体动物兴盛，原始甲壳类和三叶虫繁盛	
元古代	震旦纪		13亿年	岩层古老，地壳变动剧烈		原始无脊椎动物（海绵、水母、水螅等）出现	
			18亿年		细菌和蓝藻开始繁盛，藻类出现		细菌和蓝藻时代
			34亿年				
太古代			46亿年	地球形成与化学进化			

资料来源：南开大学等，1983，普通生物学，高等教育出版社。

（二）大熊猫的分类地位

1869 年，法国传教士 A·戴维（Armand Pere David）在四川宝兴获得了大熊猫标本，把它命名为熊科的黑白熊（Ursus melanoleuca）。第二年，巴黎自然博物馆主任米勒·爱德华兹（Milne Edwards）重新研究了这些标本的牙齿和骨骼后，认为它只是在形态上与熊相似，而在结构上与小熊猫和浣熊相同，因此认为它们不是黑白熊，而是黑白色的熊猫。小熊猫的学名是 1825 年由另一名法国人定名，英文名叫 Panda，而 1869 年命名的这种熊猫比小熊猫大，因此为了区别这两种熊猫，学者们便把 1869 年发现的叫做大熊猫（Giant panda），而将 1825 年发现的叫做小熊猫（Lesser panda）。在这之后，关于大熊猫是一种熊还是一种大型的浣熊，学者们说法不一，争论长达 130 余年，迄今仍未取得一致。这些争论大体可分为两个阶段：在 20 世纪 80 年代以前，其争论形成 3 派，即熊科、大熊猫科和浣熊科；在 20 世纪 80 年代以后，逐渐形成 2 派，即熊科和大熊猫科。

20 世纪 80 年代以前，一些学者研究了大熊猫的头骨、四肢骨、牙齿、脚形、肾脏、毛的触觉、内脏器官和一些化石，并从形态学、行为生态、染色体数目等作比较，认为大熊猫更接近于浣熊，尤其是与小熊猫最接近，因而主张将大熊猫、小熊猫都并入浣熊科。

20 世纪 80 年代中期，有国外学者根据大熊猫、小熊猫、浣熊和几种熊的蛋白质及 DNA 序列比较，认为浣熊科是从熊科的共同祖先第一次分离出来的类群，大熊猫、小熊猫起源于熊类，更接近于熊而远离浣熊，将其归入熊科。迄今，多数西方学者仍持这种观点。我国一些学者根据血清免疫学比较，用大熊猫、黑熊、马来熊、小熊猫、狗、猫等的血清做免疫实验，或进一步做免疫扩散和微量免疫电泳实验，分离出免疫距离，也认为大熊猫应归入熊科。另有学者对大熊猫、小熊猫、马来熊、浣熊等所作的分子生物学分析，其结果也支持将大熊猫划入熊科。

也是从 20 世纪 80 年代开始，一些学者从形态解剖上比较，发现大熊猫的臼齿、换牙序、骨骼系统、消化道、肾脏以及大脑（含各项进化指数）和血管分支等各方面的形态特征或结构，均与黑熊或其他熊类有着明显差别，这些不同特点继承自其祖先，应以独立的大熊猫科为宜。有研究通过对大熊猫、杂交熊和其他肉食动物染色体带核型的相互关系，认为大熊猫与熊几乎没有同源的染色体臂，与小熊猫、浣熊的相似程度也很低。在大熊猫显带染色体的研究中，对其染色体带核型作进一步分析对比，大熊猫染色体的结构异染色质含量少，且分布基本局限于着丝粒区，这可能正是大熊猫在食肉目的进化中独具一科的遗传依据之一。他们通过对大熊猫、小熊猫及熊科等动物的各种线粒体 DNA 序列的比较，建立了较为系统的熊科分子系统树，认为大熊猫和小熊猫都应独立为一科。对小熊猫、黑熊、狗和大熊猫的乳酸脱氢同工酶 M4 的一般结构比较，结果显示，大熊猫与黑熊和小熊猫相比具有一定的独特性，也支持大熊猫应独立为一科。在对大熊猫和黑熊进行血液成分测定后，测定结果显示两者之间差异极显著的项目有 6 个，从测定结果比较大熊猫的血液指标，没有显现接近黑熊和小熊猫的倾向。这些结论都与西方学者在对大熊猫进行分子生物学研究中的结论不同。

从行为生态学的角度看，大熊猫的生态位狭窄，食物单一，而熊类生活领域和食物都很广阔。大熊猫无冬眠，粪便形态特殊，交配方式也与熊类不同，发情时间在春季，为单发情，并发出特殊的咩叫声和哼声，而熊发情多在夏季，属多发情，发情期常发出吼叫声。

从生长发育特征上比较，大熊猫初生幼仔尾很长，几乎与后肢等长，成体时才相对缩短；而熊类初生幼仔的尾很短，仅与后脚长相当。由此推论，大熊猫继承麦牙西兽的具有长尾的特征，而熊类是由麦牙西兽具有短尾的食肉类祖先演化而来。大熊猫初生幼仔特别小，仅为母兽的1/933，而熊类初生幼仔体重为母兽的1/297—1/193。大熊猫前后肢的足部向内撇，前肢还可以外展握物，而熊类只有后足向内撇，且前足指并拢不能外展。这些不同的形态和生长发育特征，也反映出大熊猫和熊两者有着不同的渊源。

◎ 安吉竹博园饲养的大熊猫“安安”

从古生物上看，熊类起源于北半球，地质时期是在上新世，而大熊猫起源于南方，地质时期更古老，早在1 200万年前，两者就各自独立演化。有学者对云南的始熊猫化石的进一步深入研究发现，它们的形态特征和系统关系介于祖熊与现生大熊猫之间。它们的前臼齿不同于祖熊，已具有大熊猫的齿型，这些相似特点说明始熊猫已属于大熊猫类。但是它们的臼齿结构又具有始熊的原始特征，而始熊又是熊类的祖先。这说明从中新世晚期开始，大熊猫和熊类已开始平行演化，彼此只有较远的亲缘关系。对大熊猫、小熊猫及熊类化石和现在种的材料进行综合分析，用电子显微镜扫描技术对它们的颅骨、下颌骨的形态和牙齿结构进行比较研究，所得结果也支持大熊猫与始熊猫的始裔征不同于熊科成员的观点，应独立为大熊猫科。

从始熊猫发现于中新世横断山脉东南山间盆地褐煤层，进而到更新世演化为大熊猫——剑齿象动物群，这些表明大熊猫属于南方动物区系。从熊类的起源与演化看，一般认为熊类是北方动物区系的成员。

二 大熊猫名字的由来

在2001年，湖北省考古人员在三峡地区秭归县官庄坪遗址发现一处新石器时代的墓葬，其中有大熊猫作为殉葬品，说明早在4000多年前大熊猫已与崇拜、观赏、祭祀等人类文化发生了密切的关系。

据我国著名大熊猫专家胡锦矗教授的研究，大熊猫的称谓很多，达30多个。先秦时期，《山海经》中记载的“白豹”、“猛豹”、“貔(貔貅)”、“驺吾”、“白虎”，产区俗名的“白熊”，还有“食铁兽”、“竹熊”、“花熊”、“怪熊”等等，都是大熊猫的名字。

大熊猫是现代的中文名。1825年法国著名动物学家G·居维叶的儿子F·G·居维叶在喜马拉雅山发现 种新动物，命名为Panda，拉丁学名*Ailurus fulgens*，中文意思是“一种火红色的或闪闪发亮的猫”，后来译成中文名叫小熊猫。

1869年3月，法国传教士A·戴维在我国四川雅安宝兴发现了另一种新动物，把它命名为黑白熊，发表在法国巴黎自然博物馆新闻简报上，但这一名称一直未被采用。在这以后的许多年中，它们是一种神秘动物，被普遍称为“爪熊”或“竹熊”，一些科学家甚至认为应该把它叫做“怪熊”。在19世纪末20世纪初，大英博物馆仍把它作为“花熊”进行展览。

1870年，巴黎自然博物馆米勒·爱德华兹对戴维所定名的黑白熊的皮和骨骼进行研究后，发表论文《论西藏东部的几种动物》，指出“就其外貌而言，黑白熊的确与熊相似，但其骨骼和牙齿与熊有区别，而与‘小’熊猫和浣熊相近”，因此将它重新定名为 *Ailurus melanoleuca*。

1885年，米瓦特研究了“黑白熊”的头骨、牙齿、脚形、肾脏和化石，认为与浣熊相似。1898年，英国大英博物馆主任兰克斯特(Lamkerster)研究了保存于该馆的这种动物标本的皮和骨骼，于1901年发表论文，也认为它接近于浣熊，尤其是与“小”熊猫更为接近。从此，“黑白熊”在大英博物馆的展出，名称由“花熊”而改为“Giant panda”。

Giant panda 这种动物名的中文名，最初译为“大猫熊”。1939年8月11日，一只 Giant panda 从成都华西大学运到重庆北碚平民公园展出，在展出时从左到右横书其名为“猫熊”，但读者习惯从右至左读认而成“熊猫”，并以熊猫的名字见于报刊，逐渐家喻户晓。有人提出过将其中文名更正过来叫“大猫熊”，但更多的人认为似乎已没有改过来的必要，因为不管叫大熊猫还是大猫熊，大家都知道指的是哪一种动物，不会与别的动物混淆。因为现在大多数的人都对“大熊猫”这个名称比较熟悉，所以中文名称就采取了这个约定俗成的叫法。

三 素食的肉食动物

大熊猫属于哺乳纲食肉目动物，它拥有消化肉类食物所需的全部基因，但这些基因在分解竹子时却完全派不上用场，因它的消化液中不含分解纤维素的酶。作为食肉目动物的大熊猫，具有典型的食肉类动物的消化道组织结构，单室胃，没有盲肠，但它不论是在原生条件下，还是人工圈养的条件下，都必须以大量的竹子为主要食物，竹子占大熊猫营养来源的90%以上，竹子成了大熊猫生命维持和繁衍的独一无二的物质基础。

◎ 安吉竹博园饲养的大熊猫“蜀琳”取食竹叶

根据早期熊猫牙齿化石的结构判断，熊猫在进入300万年前的更新世时期，就已经转化为以食竹为生，距今已有几百万年以上

◎ 安吉竹博园饲养的大熊猫“安安”和“吉吉”一起食竹

的历史。是什么原因让食肉动物大熊猫不吃肉而吃起了竹子，我国的科学家最近对一只名叫“晶晶”的雌性大熊猫的基因组进行了研究，发现是大熊猫的一种味觉基因发生了变异，从而导致大熊猫无法感知肉类和其他高蛋白食物的鲜美味道，变为取食竹子以摄取足够的营养。

以植物性食物为主的食草动物可分为两类：一类是食草反刍动物，如牛、绵羊、山羊、羚羊、驯鹿、长颈鹿、骆驼等。此类食草动物具有庞大的复胃，它由瘤胃、网胃、瓣胃和皱胃四个室组成。瘤胃是一个复杂的生态系统和微生物高效繁殖的发酵罐，寄居着种类繁多、数量巨大的细菌、原虫（主要是纤毛虫）和真菌等，其中纤毛虫个体较大，它的生物总量占整个瘤胃微生物总量的50%左右。纤毛虫和细菌在植物性食物的消化与利用方面发挥着重要作用。反刍动物的盲肠和结肠中的微生物也能消化饲料中15%－20%的纤维素。另一类是单胃食草动物，包括马、斑马等马属动物。单胃食草动物对饲料中的纤维素等多糖物质的消化吸收则全靠大肠内的微生物（细菌和纤毛虫）的作用来实现。大肠的容积很大，与反刍动物的瘤胃相似，能维持微生物发酵适宜的环境条件，大肠内纤维素的微生物发酵是食草动物消化的一个重要环节。

食草动物消化道为身体长的15－25倍，而大熊猫的肠管总长平均为6 m，约为身体长的4.3倍。竹类是纤维素很高的食物。研究发现，大熊猫胃中具有一定数量的纤毛虫，这或许就是大熊猫有消化竹子食物能力的原因所在。

纤毛虫为原生动物门(Protoyoa)纤毛虫纲(Ciliata)的小型动物。寄居于反刍动物瘤胃内的纤毛虫主要有两大类:全毛目(Holottricha)纤毛虫和旋毛目(Spirotrichicha)纤毛虫。目前已在中国牛体内发现的纤毛虫有 74 种,绵羊体内有 60 种,山羊体内有 44 种,在马属动物的盲肠和结肠内有 87 种以上。纤毛虫的密度在反刍动物瘤胃中一般均在 1×10^5ind/ml 以上,在马盲肠内研究报道纤毛虫密度在 $0.1\times10^4-4.7\times10^4$ind/ml 之间,大熊猫胃液中平均纤毛虫密度在 1×10^5ind/ml 以下,低于反刍动物瘤胃内纤毛虫密度,与马盲肠内纤毛虫的密度相接近。

四 大熊猫成长日记

(一)怀胎产仔

大熊猫通常是在 3－6 月受孕,怀孕期 122－163 d,平均 140±8 d,于秋季 8－10 月分娩。每年 1 胎,每胎 1－2 仔,偶产 3 仔。在人工圈养条件下,每胎产仔 2 只的比例高达近 50%,但母兽带活 2 只的可能性很小,幼兽的死亡率达 61.3%,一胎双仔的死亡率更是高达 72.7%。

北京动物园的科技人员曾全程认真观察了大熊猫产双仔的情况,看起来让人很无奈,更是可悲。当第一仔落生后,母兽即用嘴叼起初生幼兽抱在怀里,不时地舔着。第二仔落生时,母兽又去叼起它,而这时,却忽视了抱在怀里的第一仔,由于松开而掉了下来。第一仔离开母兽怀抱后会叫起来,母兽听到又去叼起,结果是抱一个掉一个。母兽慌了手脚,不知所措,有时会站起来左顾右盼,像在寻找什么,但却又把幼仔压死了。有的母兽只管怀里的一仔,在地上的一仔它就不管了。有的母兽当初虽能抱起两仔,但却无法坚持到底,而终要舍弃一仔。

大熊猫娩出胎儿前 14－24 h 或更早,即从阴门渗出无色半透明黏液,在分娩前 10－17 h 出现努责。大熊猫通常是以仰坐姿态娩出胎儿,绝大多数情况下,胎儿在娩出时脐带被扯断,在脐环之下残留 2－5 cm,也偶有胎儿、胎盘和脐带一起排出后再由母兽咬断脐带。胎儿自阴门露出时,其羊膜已破并即刻被母兽吮食,因此不大可能发生因胎膜封闭使胎儿窒息的现象。其头先露者,往往在躯干部的产出过程中即发出尖叫声;尾、后肢、臀先露者,其露出部位已在扭动。母兽往往在胎儿躯干尚未全部排出或刚刚排出尚未落地时,便用嘴将其衔起并抚抱于胸腹部,不停地舔吮胎儿周身。偶有胎儿在娩出后躯体不动,无叫声,这时产兽并不立即衔起胎儿,只是舔吮其头部或躯干部,俟幼仔发出叫声或蠕动,才立刻将其叼起,抚抱于胸腹部。

(二)幼兽体重

成年大熊猫的体重一般在 80－125 kg,也有重达 160 kg 的。初生幼兽的体重仅有 90－131 g,平均约 104 g,最小的只有 48.5 g(上海动物园),仅及母兽的 1/1000－1/900。

（三）初生幼兽体重与啼叫

大熊猫幼兽初生时，双眼紧闭，全身呈浅肉红色，仅有稀疏的白色胎毛，长约 0.5 cm，头部、四肢及尾部的毛仅 0.2 cm 长；尾巴较长，约为体长的 1/3；头形较成年大熊猫扁平而圆钝。其叫声相当大，时而像初生婴儿的哭声，时而像初生小狗的叫声。随着个体长大，叫声逐渐减少，到两个月以后只有“嗯嗯”的叫声。

（四）幼兽哺乳

初生幼兽在半月龄时，吃奶次数较多，每昼夜约 6－12 次，哺乳时间不等，一般 0.5－15 min，有时长达 30 min。两个月以后，哺乳次数减少，白天一般 3－4 次。到 3－4 个月龄时，每天哺乳 2－3 次。5 个月以后，哺乳次数更少，每天哺乳 1－2 次。到 6 个月龄左右，可以把幼兽和母兽分开。

（五）幼兽的四肢生长发育

初生的幼兽，四肢软弱，完全不能站起。在 2 个月以内基本上不活动，除了吃奶就是睡眠。在饥饿找奶时，即便极力爬动也仅是偶然向前爬动一点，多数是左右翻滚。到 2 个月龄时，能爬动两步，但四肢不协调，稍能活动，但个体间活动能力差异很大。到 2 个半月，后肢能支持身体，会迈步，能像样走动几步。3 个月，后肢较有力，能不停地走 1 m 多距离，很爱活动，但仍不稳，不时会翻倒。4 个月以后，能跑几步，爱打滚，常爬到母兽背上玩，滚下来后又很快再爬上去，体重达到 7.7－9.5 kg。4 个半月以后，特别爱活动，虽然四肢的支持能力还较差，但却喜欢走来走去，有时还跑动，并随母兽外出玩耍。母兽吃竹叶时，它也摆弄着玩，但还不会吃。外出活动时，母兽常把幼仔叼回屋里，但常是刚一放下，幼兽就又会出去。健壮的幼兽在不到 6 个月时已经能够较快地上树，一下能上到超过 2 m高。

（六）幼兽毛色的变化

6－7 d：耳朵、眼圈和肩部微微发黑。

8－9 d：前肢出现黑色，耳朵、眼圈黑色部分扩大，肩部出现一条黑带。

10－12 d：后肢出现黑色，耳朵黑色明显，眼圈黑色部分再扩大，而且为圆形，圆圈直径约 1 cm，像戴上一副眼镜，滑稽可爱。

13 d：在鼻孔上边缘及嘴角出现黑色（有的幼兽要 22 d 才出现）。

16 d：原有黑色增浓，胸部出现黑色，眼圈部分仍扩大，已不为圆形而呈斜长方形，与成年大熊猫相像。

18 d：颈、前后掌出现黑色。

25 d：黑色扩展到整个颈部和胸部，眼圈也扩大多了，新的白毛已长出，黑白分明。1 个月的时候，除尾还显得长一些外，已像成年。

50 d：胸部中线以及腹部偏下的部位毛色为红棕色，其余为黑色，略带深棕色，尾尖也出现一撮黑毛。

（七）牙齿的生长

牙齿的生长在个体间差异较大，长牙的速度、排序都有差别。一般在 3 个月时开始长牙，乳齿出牙的顺序有的是门齿、犬齿、前臼齿，有的顺序是犬齿、前臼齿、门齿。在长牙期间，对于圈养的大熊猫幼兽应补充足量的钙，有利于牙齿的正常生长。

（八）视觉发育

大熊猫嗅觉敏锐，而视觉迟钝。刚出生的幼兽，双眼紧闭，对外界无任何反应。1 个月左右，对光才开始有些反应，从暗处到亮的地方，有眨眼的表现，但仍不能睁开。个体间睁眼的时间差异很大，两眼半开早的可在 40 日龄，晚的长达 64 日龄。全部睁开，早的约 46 日龄，迟的要到 74 日龄。

幼兽睁眼先是一只眼半开，随后另一眼也半开，但眼睛常是闭着，不爱睁开。初期视力也较弱，对周围物体反应很迟钝。3 个月以后视力才稍强些。

（九）哺乳

大熊猫的母性一般较强。当幼兽落生后，幼兽既看不见，又不能爬，母兽即用嘴叼起幼兽抱于怀中，不时地舔着，一般约 2 h 幼兽便可吃上奶。从出生到 5 个月这段时间，母兽对幼兽关怀备至，要给幼兽喂奶，还要舐其肛门以促使幼兽排便。除了进食和排便外，母兽基本上不离开幼兽，有的母兽即便是在进食和排便时，也用嘴叼着幼兽或用前肢托着。哺乳时，母兽用前肢抱着幼兽坐着，幼兽趴于母兽腹部上吃奶，吸完一边，母兽用前肢托着幼兽，并用嘴协助，把幼兽挪到另一边再吸。幼兽闹时，母兽会不时用嘴叼起来走动，或是把幼兽紧抱怀里。在哺乳期间，从第二个月开始，幼兽增重最快，平均增重一天可达 109 g，而母兽这时食欲也大增，有的食量可增至原来的 1.5 倍。哺乳的次数随着幼兽长大而逐渐减少，5 个多月至 6 个月，幼兽可断奶。

根据北京动物园对大熊猫 4 只雄仔和 4 只雌仔的体重的定期测定，其幼兽各月的平均体重如表 1–2 所示。

表 1–2 大熊猫幼兽 1—12 月龄体重增长情况

月龄	雄幼兽		雌幼兽	
	平均体重（g）	平均生长量（g/d）	平均体重（g）	平均生长量（g/d）
1	1 455	44.5	1 270	38
2	3 580	71	3 600	78
3	5 996	81	5 550	65
4	9 231	108	7 850	77
5	11 541	77	10 300	82
6	13 925	79	14 350	135
7	17 652	124	18 250	130
8	20 875	107	22 000	125
9	25 437	152	25 500	117
10	29 937	150	30 000	150
11	33 786	128	32 000	67
12	36 350	85	36 000	133

由表 1-2 可以看出，雄性幼兽平均体重比雌性幼兽略高，早期（前 4 个月）生长也比后者略快。

（十）幼兽的独立生活

人工饲养条件下的大熊猫幼兽，约半岁时和母兽分开饲养，因这时幼兽生长很快，母兽的奶量已不能满足幼兽生长发育的需要，而且母兽本身也需要身体恢复。

为了顺利实施断奶，在 4 个月龄时，可对幼兽补充牛奶喂养，用量从少到多，到断奶时可至每天 750 ml，使之肠胃适应消化牛奶，逐渐习惯，不至于在断奶时发生不适应。

断奶后要让幼兽多活动，使它们逐渐习惯独立生活。牛奶的喂养一天为 3—4 次，少食多餐。按其食欲及消化情况，可在牛奶中加入一些米粥，用量由少到多，并适量加入糖、盐、钙、维生素等营养补充物质，尤其是钙。

至 7—8 月龄时，在饲料中加入适量鸡蛋、混合料等。1 周岁以内的幼龄大熊猫，喂以牛奶、米粥等精料为主的食物，并补充些竹子、甘蔗等粗饲料。从 1 周岁左右开始，每天喂给些竹叶，以训练它吃青饲料的能力。

幼兽在半岁至一周岁期间，生长较快，一般一周增重 1—1.5 kg，长得快的每周可增重 2 kg。对 1 周岁以上的幼兽，要区别雄、雌喂养，一般雄幼兽比雌幼兽食量大。对雌幼兽尤其要注意精饲料的给量适中，长期的精饲料给量太高，会引起消化不良而最后招致营养不良或死亡。幼年大熊猫到 2 岁左右，即可视为成年大熊猫而完全独立生活。

（十一）大熊猫生长发育

成年大熊猫在多数时间里喜欢独来独往。雌性大熊猫活动范围通常在 1 km^2 内，大多数时间是在 80 亩左右的范围里，而雄性大熊猫活动范围要大些，常要超过 1 km^2。

在春季交配季节，雄性大熊猫会把肚腺排出的油脂擦在石头上或树干上，以招引雌性大熊猫，但这种办法气味会很快散去，更好的方法是它们会啃树干或撕去树皮，以使其气味保持得更久。

大熊猫像黑熊一样善于爬树，但它们上树不是像黑熊那样为取食树上的果实或坚果，而是为了睡觉和晒太阳。在交配季节，雄性大熊猫还会爬树叫春。大熊猫足上有大得如拇指状的腕骨，俗称假拇指，能帮助大熊猫爬树时抓握树干，而多毛的足底则能防滑。爬树要费大力气，大熊猫一般不会在树上待太久，很快会返回到地面。

野生大熊猫每天花在吃竹子上的时间长达 8 h，睡眠时间 4 h，即便是晚上也是如此。进食竹子时，大熊猫更喜欢躺着吃，这并不是因为大熊猫懒，实在是因为大熊猫进食竹子得不到更充足的能量，躺着进食是节省能量的好办法。吃竹子时，它会用假拇指握紧竹秆或竹笋，用门牙撕去包被在竹笋外部的没有味道的笋壳。大熊猫排出的粪便所含的水分甚至比进食的竹子所含的水分都要多，因此大熊猫更易感到口渴，每天要喝 4—5 次水。

大熊猫的消化道其实更适宜吃肉类，只是其动作迟缓而捕捉不到动物作为食物，但若遇上动物尸体，大熊猫也会吃上一顿荤，肉类仍然是大熊猫欢迎的食物。

大熊猫的性成熟期一般是 6—7 岁，个体间有较大差异。6—20 岁为大熊猫适宜繁殖的年龄。大熊猫的寿命长的可达 40 岁左右。

◎ 安吉竹博园饲养的大熊猫“科琳”爬上松树

（十二）大熊猫常见疾病与防治

大熊猫的常发病为感冒和消化道疾病，防治的关键在于加强饲养管理，注意清洁卫生、饲料搭配及气候变化。感冒的主要症状为鼻镜干、蜷躯呆坐、抱头昏睡、不停呻吟和干咳、耳尖发热、体温升高等，治疗上分轻重肌注或口服抗生素、解热镇痛药。消化道疾病种类较多，如肠梗阻、肠胀气、肠扭转、胃肠炎、出血性肠炎等，最普遍的表现为消化不良，治疗时可根据症状选用相应的抗生素、健胃药、辅消化药、制酵剂等。肠梗阻、急腹症时采用灌肠、掏粪和按摩等机械方法，配合中药上攻下疏治疗，疗效较好。

食源短缺造成大熊猫饥饿甚至生病，多表现为极度消瘦、体弱、抗病力差，易感病，严重的会当场衰竭死亡。这是大熊猫死亡的主要原因之一。

大熊猫蛔虫病是致死的另一主要原因。该病病因是西氏蛔虫，又称熊猫蛔虫（*Ascaris sckvoedtri* David），是大熊猫的专性寄生虫。通常寄生于小肠，亦可钻进与肠壁相通的管道如胆道、胰管等，而且在幼虫移引期还可进入肝、肺、食道等器官，严重感染的发生呕吐，可从口中吐出虫体。野外大熊猫的生活范围相对稳定，选择一片竹林后，边吃边拉，拉出的粪便含虫卵，通过污染的竹子和淡水即可感染该病，通过舔吮手指、咬毛等习惯亦可感染。

据报道，甘肃白水江一带抢救过的大熊猫，蛔虫感染率达 100%，其中重复感染者常医治无效而死亡，死亡率达 30.8%。

五 大熊猫眷恋的“家乡”

大熊猫是我国特有的濒危珍稀野生动物，有“国宝”和“活化石”之称。查清野生大熊猫的分布、栖息地、种群数量等变化，是有效实施大熊猫保护措施的基础和前提。

我国政府一贯高度重视大熊猫的保护工作，为了有效保护大熊猫及其栖息地，曾先后在 1974－1977 年、1985－1988 年和 1999－2003 年三次组织开展了全国大熊猫调查，其成果为大熊猫保护管理决策和履行有关国际公约提供了重要科学依据，并在 1992 年启动了“中国保护大熊猫及其栖息地工程”，为大熊猫保护事业作出了卓越的贡献。

◎ 本书作者傅金和在秦岭大熊猫栖息地

调查显示，大熊猫分布在我国秦岭、岷山、邛崃山、大相岭、小相岭和凉山六大山系，横跨长江、黄河两大流域，行政区划包括四川、陕西、甘肃三省的 45 个县（市、区）。以四川省为分布面积最大，有 33 个县（市、区），栖息地面积达 1774392 ha，占到大熊猫栖息地总面积的 76.98%。第三次全国大熊猫调查的三个省中大熊猫分布县（市、区）和栖息地面积见表 1–3。

表 1–3　全国大熊猫分布区与栖息地面积

省名	栖息地面积（ha）	比例（%）	大熊猫分布县（市、区）
四川	1 774 392	76.98	若尔盖、九寨沟、松潘、平武、青川、茂县、北川、安县、绵竹、什邡、彭州、都江堰、理县、汶川、崇州、大邑、芦山、宝兴、康定、泸定、天全、荥经、洪雅、石棉、九龙、冕宁、金口河、甘洛、越西、峨边、马边、美姑、雷波等 33 个县
陕西	347 864	15.09	宁陕、佛坪、洋县、城固、留坝、宁强、太白、周至等 8 个县
甘肃	182 735	7.93	迭部、舟曲、文县、武都等 4 个县
合计	2 304 991	100	45 个县

如果按山系划分，全国六大山系的大熊猫栖息地面积及所占比例统计结果见表 1–4。

表 1–4　各山系大熊猫栖息地面积统计表

山系	秦岭	岷山	邛崃山	大相岭	小相岭	凉山	合计
面积（ha）	352 914	960 313	610 122	81 026	80 204	220 412	2 304 991
比例（%）	15.31	41.66	26.47	3.52	3.48	9.56	100
行政位置	陕西、甘肃	甘肃、四川	四川	四川	四川	四川	

由表 1–4 可以看出，大熊猫栖息地以岷山面积最大，占到总栖息地面积的近一半，其次为邛崃山和秦岭，大相岭和小相岭栖息地面积相对很小，不及岷山栖息地的 1/10。

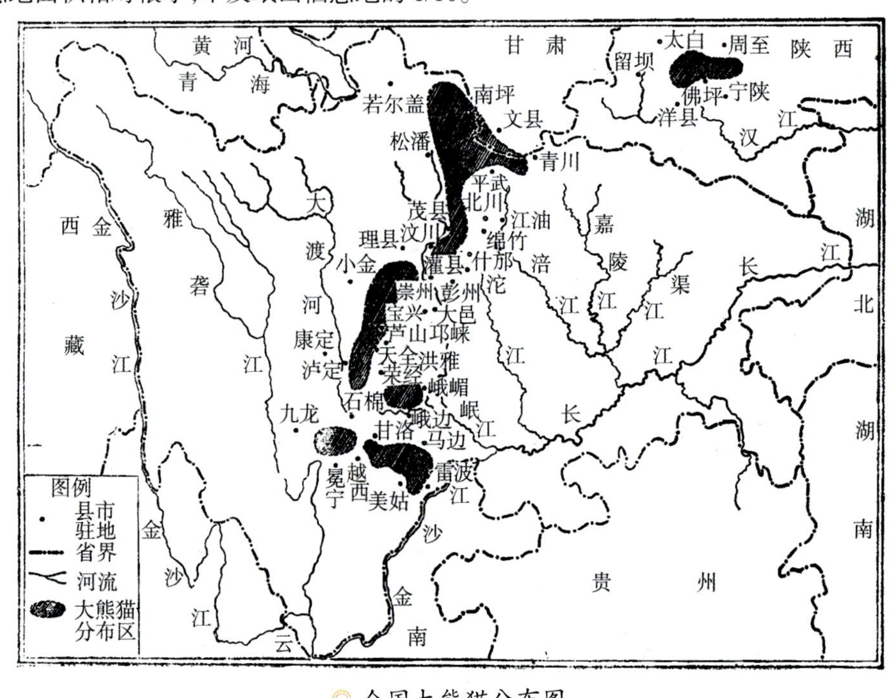

◎ 全国大熊猫分布图

资料来源：秦自生等，1993，卧龙大熊猫生态环境的竹子与森林动态演替，中国林业出版社。

从全国大熊猫分布图所示的大熊猫栖息地的地理分布格局看，破碎化程度日益加深。如20世纪50年代，岷山山系的大熊猫栖息地基本上是连为一体的，内部不存在明显隔离；而到了70年代开展全国第一次大熊猫调查时显示，岷山山系的栖息地已被割裂为南、北两大块；到80年代第二次全国大熊猫调查时，岷山北部一大栖息地由于九环线公路等人为干扰，有进一步被分割为3块小栖息地的危险；小相岭栖息地到第三次全国大熊猫调查时已被分割成几块小栖息地。类似的情况在其他各山系都在发生或已经形成。

全国大熊猫的种群数量也经历了由多到少再稳中有升的变化过程，但还一直没有恢复到全国第一次调查时的规模。各省的大熊猫种群数量的历史变化统计结果见表1-5。

表1-5 各省大熊猫种群数量的历史变化

省名	第一次调查的种群数量(只)	第二次调查的种群数量(只)	第三次调查的种群数量(只)
四川	1 915	909	1 206
陕西	237	109	273
甘肃	307	96	117
合计	2 459	1 114	1 596

大熊猫分布六大山系的种群数量情况如表1-6(第一次全国大熊猫调查各山系种群数量缺)。

表1-6 各山系大熊猫种群数量统计

山系	秦岭	岷山	邛崃山	大相岭	小相岭	凉山	合计
第二次调查(只)	109	583	231	20	16	155	1 114
第三次调查(只)	275	708	437	29	32	115	1 596
增长率(%)	152.29	21.44	89.18	45.00	100	−25.81	43.27

造成大熊猫种群数量变化的原因是多方面的。在20世纪80年代末的全国第二次大熊猫调查期间，在大熊猫分布县(市、区)中各大型森林工业企业持续强度采伐森林，使大熊猫分布范围急剧缩小，分布区内相当大面积的竹林发生开花枯死，使之丧失了栖息地功能或质量下降，栖息地破碎程度日益严重，小种群灭绝的概率大大增加，这都直接或间接导致大熊猫种群数量锐减。1992年我国启动“中国保护大熊猫及其栖息地工程”，1998—1999年，四川、陕西、甘肃三省先后启动国家天然林保护工程，森林植被和竹林逐渐恢复，在大熊猫分布区和栖息地，自然保护区数量和面积大幅增加，中央、省、地、县分别成立了大熊猫保护专门机构，广大群众保护大熊猫意识明显提高，人为伤害大熊猫案件逐年下降，人为捕捉和自然灾害的影响显著减弱。这些都为大熊猫栖息地和种群得到有效保护提供保障，种群数量得以增加和恢复。

影响大熊猫分布和种群消长的因素很多，单就种群发展趋势看，大相岭、小相岭等几个大熊猫数量比较少的小种群，灭绝的危险性比较大。较大的几个大熊猫种群，如果不加强保护，仍然有进一步被隔离、种群小型化的危险。还有些大熊猫栖息地，周边地区人口众多，人为干扰比较严重，或者栖息地质量一般，要保持栖息地和种群数量的增加，形势严峻，不容乐观。大熊猫的保护，任重而道远，需要我们持久而不懈地努力。

六 大熊猫栖息地主食竹

大熊猫仅分布于我国四川西部、陕西西南部及甘肃南部的高山峡谷地带，其栖息地横跨亚热带和暖温带两个气候带，是我国植物多样性最为丰富的地区之一，在中国植被区划中属亚热带常绿阔叶林区域和暖温带落叶阔叶林区域，植物地理成分具有明显的过渡性特征。分布在大熊猫栖息地并作为其主食的竹子基本上是高山、亚高山竹种组成的天然竹林。从主食竹的分类上看，最主要的是箭竹属(*Fargesia*)、玉山竹属(*Yushania*)竹种，另外还有部分的巴山木竹属(*Bashania*)、寒竹属(*Chimonobambusa*)、筇竹属(*Qiongzhuea*)及少量箬竹属(*Indocalamus*)和刚竹属(*Phyllostachys*)竹种。据全国大熊猫第三次调查报告，全国大熊猫栖息地内共生长各种竹子 7 属 34 种 1 变种，分布面积约 1 583 480 ha，占大熊猫栖息地总面积的 68.70%。秦岭、岷山、邛崃山、大相岭、小相岭、凉山等六大山系大熊猫栖息地竹子种类及大熊猫对竹子的取食情况如表 1-7 所示。

表 1-7　各山系大熊猫栖息地竹子种类及大熊猫对竹子的取食情况

山　系	竹　种　名	分布海拔(m)	竹林面积(ha)	取食顺序
岷山山系(四川段)	缺苞箭竹 *Fargesia demudata*	1 900—3 600	172 727	1
	华西箭竹 *F. nitida*	2 450—3 200	79 182	2
	青川箭竹 *F. rufa*	1 580—2 500	113 951	3
	团竹 *F. obliqua*	2 400—3 700	61 705	4
	糙花箭竹 *F. scabrida*	1 450—2 520	35 855	5
	油竹子 *F. angustssima*	750—2 000	12 608	6
	冷箭竹 *Bashania fangiana*	2 300—3 900	10 141	7
	短锥玉山竹 *Yushania brevipaniculata*	1 800—3 400	14 371	8
	拐棍竹 *F. robusta*	1 200—2 800	9 410	9
	丰实箭竹 *F. ferax*	1 700—3 200	729	10
	百夹竹 *Phyllostachys nidularia*	800—1 600	2 502	11
	巴山木竹 *B. fargesii*	1 100—2 500	10	12
	毛金竹 *P. nigra* var. *henonis*	1 140—2 270	16 481	13
	八月竹 *Chimonobambusa szechuanensis*	1 400—3 000	666	14
岷山山系(甘肃段)	缺苞箭竹 *F. denudata*	1 800—3 100	52 812	1
	青川箭竹 *F. rufa*	1 000—2 500	16 897	2
	龙头竹 *F. dracocephala*	1 200—2 300	8 138	3

续表

山　系	竹　种　名	分布海拔(m)	竹林面积(ha)	取食顺序
岷山山系(甘肃段)	华西箭竹 *F. nitida*	2 200—3 300	21 570	4
	巴山木竹 *B. fargesii*	1 000—1 900	773	—
	毛金竹 *P. nigra* var. *henonis*	800—1 500	576	—
	糙花箭竹 *F. scabrida*	1 600—2 300	352	—
	石绿竹 *P. arcana*	1 500—1 800	152	—
	团竹 *F. obliqua*	900—2 800	103	—
	巴山箬竹 *I. bashanensis*	1 000—1 200	65	—
邛崃山系	冷箭竹 *Bashania fangiana*	2 300—3 900	210 549	1
	短锥玉山竹 *Yushania brevipaniculata*	1 800—3 400	120 255	2
	拐棍竹 *F. robusta*	1 200—2 800	67 895	3
	八月竹 *Chimonobambusa szechuanensis*	1 400—3 000	25 424	4
	刺黑竹 *C. neopurpurea*	650—1 200	5 455	5
	华西箭竹 *F. nitida*	2 450—3 200	5 377	6
	三月竹 *Qiongzhuea opienensis*	1 310—2 870	6 070	7
	石棉玉山竹 *Y. lineollata*	1 800—3 720	3 851	8
	丰实箭竹 *F. ferax*	1 700—3 200	3 051	9
	油竹子 *F. angustssima*	750—2 000	1 582	10
	毛金竹 *P. nigra* var. *henonis*	1 140—2 270	1 229	11
	百夹竹 *Phyllostachys nidularia*	800—1 600	8 427	12
	巴山木竹 *B. fargesii*	1 100—2 500	143	13
	团竹 *F. obliqua*	2 400—3 700	60	14
大相岭山系	八月竹 *Chimonobambusa szechuanensis*	1 400—3 000	7 725	1
	短锥玉山竹 *Yushania brevipaniculata*	1 800—3 400	3 844	2
	冷箭竹 *Bashania fangiana*	2 300—3 900	2 561	3
	石棉玉山竹 *Y. lineollata*	1 800—3 720	397	4
	箬叶竹 *Indocalamus longiauritus*	800—1 500	1 615	5
小相岭山系	石棉玉山竹 *Y. lineollata*	1 800—3 720	21 318	1
	空柄玉山竹 *Y. cava*	2 000—2 600	3 512	2
	丰实箭竹 *F. ferax*	1 700—3 200	6 850	3
	清甜箭竹 *F. ulcicula*	2 700—3 550	2 768	4
	紫花玉山竹 *Y. violascens*	2 400—3 400	1 907	5
	斑壳玉山竹 *Y. maculata*	1 800—3 450	1 958	6
	冷箭竹 *Bashania fangiana*	2 300—3 900	168	7
	白背玉山竹 *Y. glauca*	2 500—3 200	773	8
	峨热竹 *B. spanostachya*	3 200—3 900	2 228	9

续表

山　系	竹　种　名	分布海拔(m)	竹林面积(ha)	取食顺序
凉山山系	短锥玉山竹 *Yushania brevipaniculata*	1 800—3 400	35 275	1
	斑壳玉山竹 *Y. maculata*	1 800—3 450	17 935	2
	熊竹 *Y. ailuropodina*	2 600—3 000	13 868	3
	白背玉山竹 *Y. glauca*	2 500—3 200	12 176	4
	石棉玉山竹 *Y. lineollata*	1 800—3 720	19 326	5
	冷箭竹 *Bashania fangiana*	2 300—3 900	11 465	6
	筇竹 *Qiongzhuea tumidnoda*	1 500—2 600	2 287	7
	大风顶玉山竹 *Y. daengdingensis*	2 200—2 600	11 465	8
	八月竹 *Chimonobambusa szechuanensis*	1 400—3 000	2 287	9
	马边玉山竹 *Y. mabianensis*	1 430—2 000	2 982	10
	三月竹 *Qiongzhuea opienensis*	1 310—2 870	17 865	11
	丰实箭竹 *F. ferax*	1 700—3 200	1 702	12
秦岭山系(陕西段)	秦岭箭竹 *F. qinlingensi*	880—3 100	127 322	1
	巴山木竹 *B. fargesii*	800—2 100	105 786	2
	华西箭竹 *F. nitida*	1 050—2 800	21 030	3
	龙头竹 *F. dracocephala*	1 100—2 300	33 362	4
	阔叶箬竹 *I. latifolius*	1 200—1 800	2 047	5
	狭叶方竹 *C. anqustifolia*	1 400—	100	—
	金竹 *P. sulphurea*	800—1 400	57	—

由表1–7可以看出，大熊猫在其栖息地的食竹基本上是高山、亚高山竹种，尤其是箭竹属和玉山竹属竹种。栖息地6个山系7个统计单位(岷山山系分四川段和甘肃段两个统计单位)大熊猫食竹的前4个主食竹种共28个主食竹中，箭竹属有15个，玉山竹属有9个，两者合计占到28个主食竹的85.7%。另4个主食竹分别是巴山木竹属和方竹属各2个。

大熊猫在栖息地的主食竹和竹种的分布面积紧密相连，通常都是面积最大的几个竹种成为主食竹。冷箭竹、短锥玉山竹在岷山山系四川段分布面积占比例很小，取食顺序仅列为第7、第8；而在邛崃山系，冷箭竹分布面积最大，在凉山山系，单枝玉山竹分布面积最大，其取食顺序都分别上升为第一主食竹。

这种取食顺序和竹种分布海拔高低也关系密切。低海拔地人为活动频繁，因此大熊猫被挤压到更高些的山地，28个主食竹种基本上都分布在海拔2 000 m以上。刚竹属、箬竹属竹种大都分布在2 000 m以下地域，因此被大熊猫取食的机会就少，取食顺序差不多也就都排到了最后。

根据大熊猫全国第三次调查，四川省各山系大熊猫对竹子的取食以竹茎居多，其次是竹叶及竹笋，而在秦岭山系的大熊猫则更多的是取食竹笋、竹枝、茎叶、竹叶及竹茎。这种差异受调查季节、调查人员的主观判断能力等因素的影响。

大熊猫在取食竹子时，食量较大。据研究报道，野外大熊猫的日食竹量达12.5 kg。为了取食和穿行方便，大熊猫通常在竹子的盖度中等或中等偏下的竹林中取食，竹林要更新状况良好或正常，以成竹为主，竹笋+幼竹比例大于枯死竹+开花竹比例。竹子的高度一般为1—3 m，而以1—2 m居多，大熊猫采食方便。

七 大熊猫栖息地觅食

大熊猫主要以竹为食。因为大熊猫吃食不充分咀嚼，排出的粪便中仍保持着所食植物的外部形状，所以容易鉴别。

（一）大熊猫觅食种类

在大熊猫栖息地的中山及亚高山竹类中，约有28种是大熊猫的主食竹种，其中亚高山分布的冷箭竹、缺苞箭竹、华西箭竹、八月竹、巴山木竹等，都是大熊猫最喜爱的采食竹种。在熊猫的食物组成中，竹子（竹笋、竹叶、竹秆和竹枝）占99%，其他食物约占1%。竹子具有开花结实后枯死的特性，1976年岷山山系缺苞箭竹大面积开花枯死后，曾先后发现因饥饿致死的大熊猫尸体达138具之多。1983年邛崃山系冷箭竹大面积开花枯死，由于政府重视和中外人士捐款资助，科技工作者全力抢救，在重灾区仍死亡大熊猫40只。在栖息地竹子大面积开花枯死时，大熊猫缺食饥饿，也吃多种草本植物和树木的树皮，这些草本植物观察到的有糙叶青茅（*Deyenxia scabrescens*）（属禾本科，当地乡民叫"鸡窝草"）、老芒麦（*Elymus sibiricus*）、鸭茅（*Dactylis glomerata*）以及岷江冷杉、铁杉的幼树树皮等。

（二）大熊猫的觅食习性

大熊猫一年四季的觅食活动与当地的气候条件、竹子营养含量、竹子各部分组织的幼嫩程度、含水量等因素密切相关。据秦自生先生等在四川卧龙自然保护区的多年观察，在每年的4－6月（春季），气候温暖湿润，是拐棍竹出笋盛期，大熊猫以采食竹笋为主。当竹笋长高到50－150 cm时，为大熊猫采笋期。跟踪分析结果发现，这时大熊猫粪便中新笋比例占93.5%，幼龄竹秆仅占6.5%，竹叶含量极少。其中，成年雌体较成年雄体和亚成年体采食拐棍竹竹笋的时间更长，这与雌体处繁殖和怀孕期有关。因为拐棍竹笋粗壮，组织幼嫩，含水量高，营养成分含量也高，特别是矿质营养锌（Zn）、锰（Mn）、铁（Fe）、铜（Cu）、钙（Ca）、钾（K）等除低于冷箭竹笋含量外，高于冷箭竹竹秆、华西箭竹、峨嵋玉山竹笋和竹秆的含量。所以，大熊猫对竹类及其营养成分的选择是对环境条件长期适应的结果。

7－11月（夏、秋季），在海拔2 300－2 600 m的拐棍竹分布区，因气温上升，白天炎热，又是吸血虫蠓蠓子（*Culicodes* sp.）、草虱子（*Ixodex* sp.）等的繁殖盛期，大熊猫则很少在这一区域活动。在海拔2 700－3 400 m的冷箭竹分布区，气候凉爽，竹源丰富，大熊猫则转移到这区域并以营养丰富的冷箭竹竹叶为食。冷箭竹叶的营养物质含量高于其笋、枝和秆，也高于拐棍竹、峨嵋玉山竹、华西箭竹。这段时间大熊猫采食的最佳竹种是冷箭竹，且主要是冷箭竹竹叶。在11－12月，大熊猫除采食冷箭竹竹叶外，兼食其幼龄竹秆。

12月至翌年3月（冬季），气温下降到0℃以下，高山积雪，大熊猫种群中的老、弱、幼、雌个体的活动从冷箭竹分布区下降到拐棍竹分布区，以采食拐棍竹竹叶为主，其次是幼秆，比例是竹叶占75%、幼秆占25%。这个时期的雄体和亚成体在冷箭竹分布区活动，以采食幼龄秆为主，竹叶次之，竹秆比例占 72.2%、竹叶占 27.8%。

（三）大熊猫觅食与营养含量的关系

从四川卧龙自然保护区的大熊猫觅食时间与觅食部位分析，在一年之内觅食冷箭竹竹叶和 1、2 年生竹秆占去大部分时间，其次是拐棍竹的竹笋、竹叶和少数 1、2 年生竹秆。在没有拐棍竹分布的地区，采食峨嵋玉山竹或华西箭竹的竹叶和 1、2 年生竹秆。从这 4 个竹种及其各部位的营养元素分析结果知道，不同竹种的营养元素含量是冷箭竹＞拐棍竹＞峨嵋玉山竹＞华西箭竹，不同器官营养元素含量是竹叶＞笋＞枝＞2 年生秆＞1 年生秆＞多年生秆，同一器官不同部位营养元素含量是竹秆上段＞中段＞下段。因此，老、弱、病、幼个体和雌性大熊猫，一年四季中多采食竹叶、竹笋和少数 1、2 年生竹秆中段，下段常遗去不食，采食的都是竹子营养含量丰富的部位。

大熊猫的觅食还和其年龄、性别和生理需要关系密切。矿质元素在大熊猫生长发育中有着重要的不可替代的作用。如果缺少锌、锰，则大熊猫生长缓慢，成熟延迟，特别是胎儿的发育和母体泌乳机能会发生障碍，雄性大熊猫缺锰时还可引起生殖器官逐渐退化。铁、铜是血红蛋白的组成成分，可增进身体健康与食欲，增强动物体的活力，如缺铜可导致雌、雄体发情阻滞。钙能增进幼仔骨骼与牙齿的生长及母体哺乳期泌乳量。镁、钾都是大熊猫必需的微量元素，缺镁、钾时会引起动物血管扩张、感应过敏，发生痉挛症。表 1-8 是大熊猫主食竹叶与其毛发矿质元素含量的均值比较。

表 1-8　大熊猫主食竹的叶和其毛发的矿质元素含量的值比较（mg/kg）

项目		铜	锌	锰	铁	钙	镁	钾
冷箭竹叶		6.41	47.33	218.33	138.14	1 492.4	998.4	6 484.9
拐棍竹叶		5.57	63.15	185.76	138.43	2 943.6	1 391.8	6 097.9
华西箭竹叶		6.94	53.10	54.14	299.25	2 563.8	1 269.9	8 440.2
峨嵋玉山竹叶		5.93	43.81	149.26	114.22	2 918.2	2 052.1	6 301.3
野生大熊猫毛发含量	岷山山系	17.01	140.5	32.50	113.95	1 923.0	319.1	124.99
	邛崃山系	17.60	154.4	28.90	100.9	1 641.8	309.5	93.54
	卧龙自然保护区	17.19	146.8	29.00	102.9	1 122.7	248.3	75.74
饲养大熊猫毛发含量	成都饲养场	14.92	267.12	3.81	46.35	994.6	157.72	26.43
	白水江饲养场	17.72	196.39	2.09	26.66	573.2	111.67	27.26
	卧龙饲养场	14.53	130.6	3.36	51.07	578.4	77.82	26.00

由表 1-8 可以看出：

（1）除竹叶中铜、锌的含量低于大熊猫的毛发外，其他锰、铁、钙、镁、钾等矿质元素的含量均高于大熊猫的毛发中的矿质元素含量。

（2）野生大熊猫毛发中的矿质元素含量除锌元素外，其余几种矿质营养元素含量都高于人工饲养的大熊猫毛发中的含量。

表 1-8 提示我们，人工饲养的大熊猫比野生大熊猫毛发矿质元素含量低 1－10 倍，因此在人工饲养大熊猫的精料中，应注意适当增加缺乏的矿质元素含量，供给全价的平衡饲料，才能使大熊猫在人工饲养条件下正常生长发育，繁殖后代。

八 圈养的大熊猫

国际上通用的野生动物保护措施有就地保护、易地保护和离体保存等3种。大熊猫的保护通过建立自然保护区,实施大熊猫栖息地保护工程,改善和扩大了现有栖息地,减少了对大熊猫的干扰和破坏,使其能够自然繁衍生息。但是,由于存在大熊猫种群数量少、生境呈破碎的斑块状、种群之间隔离等严重问题,大熊猫的易地保护是必不可少的另一重要措施。将大熊猫迁移至人工环境或原栖息地以外的野生环境中,通过建立人工种群,利用现代科学技术加快繁衍速度,通过人为改善易地种群健康、营养和繁殖状况,扩大种群数量,再放归野外补充野生种群,或通过人工干预,将大熊猫部分种群迁移到原栖息地以外的适生环境,使其在那里繁衍生息。易地保护还可以对老、弱、病、残大熊猫以及被遗弃个体进行救护治疗和收容,利用圈养种群繁育的个体代替捕捉野生个体,开展相关的大熊猫生态、生物学研究和满足人们的观赏需求,为保护野外种群提供科学依据和经验。

大熊猫的圈养可追溯到唐代。据日本《皇家年鉴》记载:公元685年10月22日(唐玄宗执政,为武则天执政的垂拱元年),武后曾将一对活体大熊猫和70张大熊猫毛皮作为大唐国礼送给日本天武天皇。近代从1936年至1946年,共有14只大熊猫运往美、英等国饲养,这些大熊猫都曾在成都原华西协和大学短暂饲养过。大熊猫在动物园最早始于1939年重庆北碚平民公园和上海兆丰公园(今上海中山公园)。新中国成立后,1955年北京动物园开始饲养。我国政府从1963年起在北京动物园开始建立大熊猫圈养种群,进行易地保护。2004年,国家林业局在四川卧龙自然保护区、成都大熊猫繁育基地、北京动物园和陕西楼观台建立了四个熊猫繁育基地,以发展壮大圈养大熊猫种群。据全国第三次大熊猫调查显示,截至2002年12月,全球圈养大熊猫共计152只,其中我国拥有产权的有146只。在这146只圈养大熊猫中,132只分散饲养在国内22家单位,14只分别被借到美国、德国和日本进行展出或合作研究。国内圈养的主要有四川卧龙中国保护大熊猫研究中心49只,四川成都大熊猫繁育研究基地33只,北京动物园10只,陕西省珍稀野生动物抢救饲养研究中心8只,福州大熊猫繁育中心、上海野生动物园、重庆动物园各4只,四川蜂桶寨国家自然保护区3只,广州番禺香江动物园、济南动物园和香港海洋公园各2只,山东荣成西峡口、北京八达岭、保定、武汉、杭州、广西桂林、大连、西安、昆明、天津等地动物园及武汉杂技团各有1只大熊猫。国外圈养的有:日本神户和和歌山动物园分别有2只和4只,德国柏林动物园1只,美国圣地亚哥动物园3只,华盛顿和亚特兰大动物园各有2只。这些圈养的大熊猫中,野外来源个体49只,占33.56%;人工繁育个体97只,占66.44%。雄性个体62只,占42.47%;雌性个体81只,占55.48%;不明性别3只,占2.05%。

而截至2007年11月,我国人工圈养大熊猫种群数量达到了239只,在不到5年的时间内增加93只,增长近64%。其中,四川卧龙中国保护大熊猫研究中心增至128只、四川成都大熊猫繁育研究基地增至67只、香港特别行政区增至4只。2009年,大熊猫“团团”和“圆圆”被送到了祖国宝岛台湾。

九 大熊猫的人工饲养

北京动物园从 1955 年即开始展出和人工饲养大熊猫,1963 年在人工饲养条件下大熊猫首次繁育成功，至今已经历经半个多世纪,积累了丰富的大熊猫人工饲养经验。

（一）大熊猫的饲料种类

1. 青粗饲料

野外生活的大熊猫主要以竹为食,竹类占到全部食物的 99%，基本上都是分布在高山、亚高山的箭竹属、玉山竹属等高山竹种。人工饲养大熊猫通常在低海拔地区或城市，可以适宜当地生长的各种竹子为食，如北京动物园从 1966 年以来以桂竹（*Phyllostachys bambusoides*）作为大熊猫的主要青粗饲料。

除种植的竹子外，大熊猫也爱食青玉米秆。在冬季竹子供应量少且质量差情况下,可补充喂食甘蔗、苏丹草、竹笋;在夏初至秋季,可饲喂芦苇,均能保证大熊猫健康生长和繁殖。

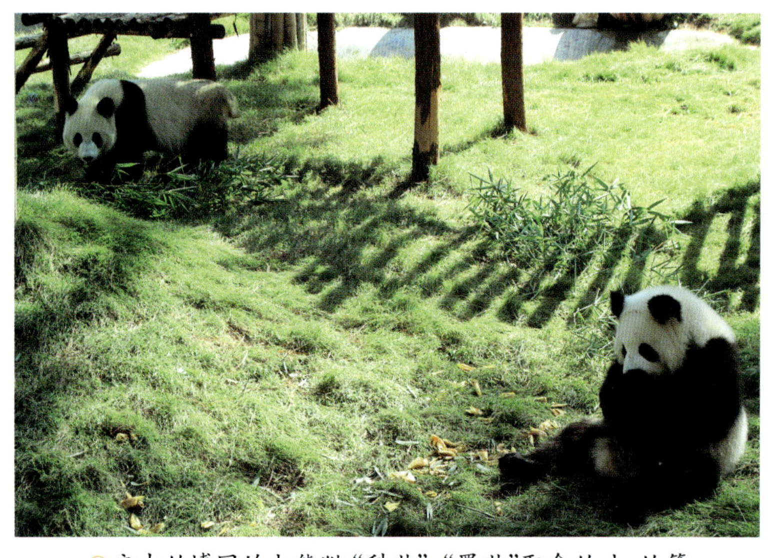

◎安吉竹博园的大熊猫“科琳”、“蜀琳”取食竹叶、竹笋

2. 精饲料

牛奶,一般是鲜牛奶,有时也可用奶粉代替，是大熊猫在人工饲养条件下最喜爱的食物。

大米或主要由玉米面和豆饼粉组成的混合饲料也是大熊猫的主要精饲料。

3. 矿物质等补充饲料

如食盐、骨粉等。

◎安吉竹博园的大熊猫“安安”取食窝头

4. 水果、蔬菜类

主要有苹果、柿子、胡萝卜等。

5. 其他

根据大熊猫个体健康状况之不同，不定期地补充一些相关营养物质，如鸡蛋、牛肉末、维生素、酵母、微量元素（如铁、铜、钴等）。

◎ 安吉竹博园的大熊猫“安安”取食苹果

（二）饲养方法

1. 青粗饲料

要充分供给大熊猫青粗饲料。竹子是大熊猫普遍爱吃的青粗饲料，为了避免浪费，采取勤添少给的办法，于早、中、晚一天 3 次供给。晚上一次供应量要足，以满足大熊猫整个夜晚的需要量，以第二天早上仍能见到少量剩余为标准。

当竹子饲料比较少时，可喂食青玉米秆、苏丹草、芦苇等。当由用竹子改为用芦苇时，多数大熊猫在开始时会不适应，要经过训练使其逐步习惯，一般食欲旺盛的公兽适应较快，细心而爱挑食的母兽适应较慢。到最后完全适应时，所吃芦苇量要与所食竹量相当。

2. 精饲料

牛奶应煮沸后饲喂。可分早、晚两次，与其他精饲料混合后饲喂。

大米或混合料均熟喂，可有时只单喂一种，有时配合后一起喂，加工成窝头，其成分如表 1–9 所示。

表 1–9 大熊猫所食窝头成分表

饲料成分	含量（%）	营养成分	含量（%）
玉米	61	粗蛋白质	16
大麦	6.5	粗脂肪	4
豆饼	18	粗纤维	2.6
麦皮	5	无氮浸出物	60.3
小麦面粉	2	灰分	2.7
糖	2	钙	1
鱼粉	1	磷	0.7
血粉	1	其他	12.7
骨粉	2.5		
盐	1		

3. 其他补充饲料

食盐，成年兽每日 4－6 g；食糖，成年兽每日 50－60 g，幼兽可适当增加；骨粉，成年兽每日 6－20 g，怀孕期、哺乳期母兽适当增加；鸡蛋，成年兽每日 1－2 个；肉末，成年兽每日 50－100 g，煮熟混合在精料内喂给，一周喂

1—2 次;水果、蔬菜,一般成年兽每天 250 g 。冬季可经常补喂些胡萝卜,多的每天可食 2—3 kg 胡萝卜,也有个别大熊猫不爱吃。

微量元素、酵母及维生素类可酌情饲喂。

精饲料及补充饲料每天分上、下午 2 次喂给。

大熊猫的饮水,要足量供给。

(三)成年兽的饲养

在人工饲养条件下,要尽量为大熊猫创造在自然界所需要的食物条件,供给充足的青粗饲料。由于大熊猫圈养后生活环境发生巨大改变,活动范围受到较大限制,无法像野外一样可以任意选择多种食物,而且人工饲养的青粗饲料在质量方面也受到一定限制,所以应适当供给一些精饲料,以保证大熊猫机体营养需要。要以青粗饲料为主,并根据不同个体和不同的生长时期,考虑青粗饲料和精饲料的合理供给比例。

1. 公兽的饲养

青粗饲料要充分供给,一般每天给量 4—5 kg。体重大的成年公兽,有的一天可食 10 kg 左右。另外,每天每只的精饲料标准如下:

大米 400—500 g;混合精料 250—500 g;牛奶 1 300 ml;鸡蛋 2 个;食糖 50 g;食盐 6 g;骨粉 14 g;苹果 2 只(250 g)。

这样饲养的大熊猫食欲终年都很旺盛,爱活动;粪便正常,为绿色长圆形,与野外观察到的大熊猫粪便相似;生长比较健康,很少患病。到性成熟期,性欲旺盛,繁殖顺利。

对一只健康的公兽而言,一般食量都比较大,所以无论青粗饲料还是精饲料的给量都要比母兽多,但精饲料不宜过多,否则会影响它对青粗饲料的食欲,往往养得过肥,不利于繁殖交配。

2. 母兽的饲养

(1) 发情期的饲养。大熊猫的发情期一般在 3—5 月,在不同饲养地会略有变化。

青粗饲料要充分供给,一般每天给 3—4 kg 以上,一年四季都基本保持在这个水平。每日精饲料标准为:大米 300 g,牛奶 850 ml,鸡蛋 2 个,食糖 50 g,食盐 6 g,骨粉 16 g,苹果 2 只(或 250 g)。

母兽的发情受很多因素影响,如年龄、气候等。无论如何,充足的青粗饲料对其正常发情是有促进作用的,一定要保证青粗饲料的正常和充分供应。

(2) 怀孕期的饲养。一只健壮的母兽,体重一般在 80—120 kg,而初生幼兽体重只有 90—130 g,所以一般在怀孕期间根据其食欲情况,给予一定量的精饲料和充分的青粗饲料,就能满足胚胎的正常发育。只是要注意到青粗饲料的新鲜程度以及母兽的实际进食情况。当青粗饲料的质和量得不到完全保证,母兽取食不多时,应适当提高精饲料给量,并补喂一些钙、维生素等营养物质。

在青粗饲料给予比较充分,质量较好,母兽进食情况良好时,采用以上发情期的精料标准,就可使母兽正常怀孕、产仔,母兽及幼兽生长发育都会良好。

而当母兽对青粗饲料实际取食量较小时,每日可参照以下精饲料标准:

大米 300 g;混合饲料 350 g;牛奶 1300 ml;鸡蛋 2 个;食糖 100 g;食盐 5 g;骨粉 20 g;酵母 4 g;鱼肝油数滴。

母兽在临产前 1 个月，往往食欲开始下降，这时要逐渐减少精饲料定量，但青粗饲料供应一定要充足。

（3）哺乳期的饲养。整个哺乳期母兽对营养的要求量是较大的，食欲也比较旺盛，所以要供给充足的青粗饲料和精饲料，使母兽体质得到逐渐恢复，并为幼兽提供充足的乳汁，保证幼兽健康生长。

产后 1 周内，除供给少量青粗饲料外，要先给些牛奶，再逐渐加入易于消化的米粥。根据其吃食情况，逐渐增加精饲料，使母兽的食欲逐渐恢复。待食欲完全恢复，则按发情期的精料标准饲喂，这时青粗饲料供给量要大为增加，另外再补充一些钙。

在幼兽 4－5 月龄时，幼兽开始用牛奶补饲，母兽的奶量则逐渐减少，到幼兽 5－6 月龄断乳时，母兽也表现正常。若幼兽在 3－4 月龄时母兽食欲很好，每日可按下述标准喂食精饲料：混合饲料 1 250 g；牛奶 1 300 ml；食糖 100 g；鸡蛋 2 个；食盐 5 g；骨粉 20 g。这时，竹叶等青粗饲料要给足。

有的母兽断乳最初几天，乳房肿胀作疼，食欲不振，可行服药回奶，待其乳房逐渐恢复正常，食欲也将恢复正常。

十 大熊猫的饲养管护

通常大熊猫对气候条件的适应能力还是比较强的。当气温达到 25℃以上，大熊猫会出现呼吸加快，每分钟达 70 次以上；热到 35℃，每分钟呼吸可达 100 多次，但在这种情况下，一般不会影响食欲。天很热时，活动量减少，常喜欢伸开四肢，贴地趴卧。这时要注意让饲养室内通风良好，室外有遮阴处，避免太阳直晒，并用冷水经常给大熊猫洗澡。大熊猫能很好地在北京、成都、卧龙等地度过夏天。

◎ 本书作者傅金和在饲养大熊猫的美国亚特兰大动物园

冬季，在气温达零下十几摄氏度时，大熊猫在室外活动仍很自然，尤其是在下雪天，大熊猫很喜欢在雪地上玩耍、打滚。冬天，大熊猫室内温度保持在 3－4℃即可，水泥地面上可放木板，让大熊猫在木板上躺卧。由于每天都对兽舍进行充分地冲刷，所以

◎ 雪地里的大熊猫“安安”

也能保持一定的湿度。

要注意大熊猫的环境卫生，预防各种疾病的发生。每天清理室内外的粪便和剩食。室内每半月采用5%的煤焦油溶液消毒一次，室外于每年春季用5%煤焦油溶液喷雾消毒。在传染病容易发生的春季，室内采用1%－3%氢氧化钠溶液消毒数次，以保障大熊猫健康生长。

（一）圈养展览大熊猫应具备的条件设施

1. 兽舍

展览兽舍用玻璃与参观厅的游人隔离，面积宜在60 m^2以上，高度3 m以上。舍内有假山石、圆木、栖架、垫板等，以供大熊猫休息。有通风、保湿、控湿设备，温度宜在10－27℃，相对湿度为55%－65%。

2. 活动场

用围城式圈成不规则的长方形活动场所，面积宜在600 m^2以上。围城墙高不得低于2.6 m，墙面光滑直立，以防熊猫逃逸。活动场地面为土地草坪，有高有低，种植箬竹和1－2棵乔木遮阴。场内安装2－3个自动喷灌设备，供春夏秋季调节周围的温、湿度，使夏季活动场的小气候仍能控制在30℃以下。

3. 配种用房、产房和治疗间等

进行大熊猫繁育的兽舍应建有配种用房、产房、治疗间等。

4. 卫生消毒

兽舍及活动场每天上午打扫，清理粪便及饲料剩余物。每 15 d 用洗涤灵消毒一次。饲料用具、饲料盆，每天用洗涤灵或高效碘洗刷消毒。

(二)饲养管理

北京动物园饲养大熊猫 40 余年，工作人员总结的大熊猫饲养管理技术和经验总结如下：圈养大熊猫需要供应一定量的青粗饲料和精饲料等，按湿重计算，粗、精饲料比例为 3:1－6:1 较合适，1 只大熊猫成体每天青粗饲料不低于 4 kg，否则容易出现消化不良和排稀便等现象。在竹饲料紧缺时，可用青玉米秆、芦苇等代替。胡萝卜也是一种很理想的替代品，较长时间饲喂后大熊猫仍能正常生长发育。苹果因含糖分高，粗纤维少，大量供食会出现酸味泡沫稀便，应慎重使用。要采用先粗后精、循环供给饲喂。精饲料一定不能过高，否则易发生胀肚及腹泻。除饲料饲喂外，还要根据不同的大熊猫个体给予不同的管护措施。

1. 成年雄兽的管理

(1) 雄兽的生理特点是需要更大的活动量和阳光。夏季每日上午 8 时至 10 时放到活动场活动，下午可一般在兽舍或室内展厅。冬季每天都到活动场活动。

(2) 每日坚持用自来水冲澡(冬季水温 13℃，夏季水温 15℃)，以加强体质。

(3) 饲喂方法坚持粗—精—粗—精—粗的饲喂过程。日精饲料量分上、下午两次投喂，粗饲料分多次投喂，以适应大熊猫的消化生理特点。

(4) 在大熊猫发情期，加喂大麦芽 200 g/d，提高维生素 E 至 600 mg/d，维生素 C 至 400 mg/d。

(5) 配种期加强蛋白饲料和矿物饲料，鸡蛋 400 g/d，钙片 25 g/d。

(6) 粗精饲料比例维持在 5:1 左右。

(7) 定期称量体重，每月称一次，检查健康状况，使体重维持在 130－150 kg。

2. 成年雌兽的管理

(1) 成年雌兽与雄兽体重一般相差 10%－30%，雌兽体重应维持在 90－120 kg 范围，超肥可能影响正常发情。

(2) 根据雌兽的体型和活动量，其饲料总量应比雄兽低 10%－30%。

(3) 粗精饲料之比维持在 3:1－4:1。竹子量不足，可用胡萝卜补充。

(4) 在繁殖期应补充维生素 E 和维生素 C，增加量为常量的 1/3－1/2。

3. 怀孕雌兽的饲养管理

(1) 供应充足的新鲜青粗饲料，补加 1/3－1/2 量的矿物质和维生素饲料。

(2) 杜绝过度活动、惊吓及串笼。

(3) 注意孕兽的光照和适当的运动量，保证体质健壮。

4. 哺乳期的饲养管理

(1) 临产前需要安静的产房，保证空气新鲜，室温维持在 10－15℃。

(2) 产后 1－4 d，不要干扰产兽的哺乳活动，保持环境相对安静。管理措施由饲养人员按常规进行。认真观察并记录产兽的行为、哺乳，初生幼兽的叫声及活动情况。

（3）产后第 5 天开始，加喂葡萄糖 50 g，补液盐 1 包。将葡萄糖和补液盐溶入 1 000 ml 水中，产兽不立即喝水时，可将水盆放在投食处，使其自然饮用。如产兽母性强，护仔好，不喝水，可在第 6 d 继续。也可试探性用托架将水盆送到产兽前供其饮用，同时将带小枝的 500－1 000 g 鲜竹叶送到产兽身边供其食用。第 7 d 依此方法，在上午 7 时给竹叶 500－1 000 g，10 时将奶粉 50 g、葡萄糖 50 g、补液盐 1 包，加水 1 500 ml 混合液饲喂，下午分 2－3 次投喂胡萝卜 1 000－2 000 g、竹叶 1 000－1 500 g。第 8 d，在上述基础上，于下午 4 时增喂一次混合液，并将奶粉增至 100 g，竹叶增至 2000－3000 g。第 9 d，在投喂的两顿混合液中，加入适量的米粥或大米制品（糕干粉、健儿粉、蛋白糕干粉）及维生素。

（4）产后 11－20 d，给产兽足量的青粗饲料，控制精料量，以防腹泻和消化不良。清扫粪便时间越短越好，不要动巢穴，称量幼仔时要戴手套。

（5）产后 21－30 d，保持粗精饲料比例，逐渐增加精饲料，建立产兽的饮食规律，维持其消化功能和旺盛的食欲。

（6）产后 31－60 d，按粗精饲料 3:1－6:1 的比例，尽快将精料恢复到产前量。

（7）产后 61－90 d，按粗精饲料 4:1－5:1 的比例，将精饲料提高到产前量的 150%－200%。注意观察产兽的消化情况和幼仔的生长发育情况。

（8）产后 91－150 d，维持产兽的食欲和良好的消化机能，幼仔平均日增重在 70－110 g。注意调整饲料，补充紫外线和产房的药物消毒（2/1 000 高效碘）。

5. 断奶前后雌兽的饲养管理

（1）断乳时间。选择在幼兽 5 月龄为好，一是幼兽在 4 月龄后，开始与产兽学吃食，并经常单独活动和睡觉，具备了一定的独立生活能力；二是大熊猫距发情期还有 45－60 d 时间，只要饲养管理得当，一般不会影响发情交配。

（2）断乳前的准备。在断乳前 15－20 d，应逐步训练幼兽用饲料盆吃人工配制的乳。

（3）哺乳雌兽断乳后，其泌乳量逐渐趋向停止，在 30 d 内逐步降低精料量，保持相应的青粗饲料量，逐渐恢复到正常饲料。

（4）逐步加强雌兽室外活动和晒太阳时间，加大、加长雌兽的总体活动时间，逐渐恢复其活动规律。

十一 关爱大熊猫，拯救大熊猫

大熊猫是世界级的珍稀濒危野生动物，它所固有的生物学特性以及它所处的生态环境，都决定了它走向衰亡、濒临灭绝的境地。

（一）单一的食性

从食物营养角度看，大熊猫有高度特化、单一的食竹特性，同时又保留了食肉动物简单的消化道，不能消化纤维素和木质素等，只能吸收竹子中很少的可溶性的细胞内含物。为了维持正常的生命活动，大熊猫不得不增加日食量，每只成年大熊猫每日约食竹 15 kg，消耗竹秆 10－40 kg。大熊猫完全依赖竹子为生（99%），一旦遇到竹子周期性开花死亡或遭到严重破坏，生活在竹种单一地区的大熊猫种群就会有大量个体由于食物缺乏引起营养不良或疾病而死亡，从而引起种群衰亡。1975 年岷山山系缺苞箭竹开花，在岷山地区就发现 92 只大熊猫尸体。1975 年和 1984 年岷山地区缺苞箭竹的 2 次大面积开花，导致了甘肃省境内的约 2/3 以上的野生大熊猫死亡或迁移。

（二）繁殖力低下

在更新世中期，地球最后一次（第四次）冰川期高峰到来，气候变冷，与大熊猫伴生的哺乳动物大多在往后的地质年代中被新的物种所取代，唯有大熊猫一直延续至今，所以大熊猫被誉为动物的“活化石”。

大熊猫作为现存最古老的孑遗物种之一，生殖系统退化，繁殖力很低。每年最多产 1 胎，每胎产仔大多为 1 只，少有 2 只。在繁殖上有受精卵延迟着床的生理现象，只有外界环境适宜时，受精卵才能移动到子宫着床发育。外界环境条件差，大熊猫一般不交配，或受精卵不着床，繁殖基本停止。大熊猫胚胎实际发育时间仅为 1.5 个月。初生幼仔发育极不完全，闭眼、裸身、体重仅约 100 余克，十分孱弱，不精心养育就会引起死亡，而且当母体外出觅食时，幼仔很易受天敌食肉动物袭击。幼仔的死亡率高达 57.14%。性成熟年龄较大，通常为 7－8 岁，而最大繁殖年龄不超过 20 岁，一生繁殖年限仅 13 年左右。这一切都极大地限制了野生大熊猫数量的增加。

近些年来，大熊猫的人工繁育技术日益成熟。人工养殖的大熊猫发育较快，性成熟年龄普遍提前（雌体 4.5－6 岁，雄体 5.5－7 岁），最大繁殖年龄也有所延迟，但其自然交配能力很低，尤其是雄性大熊猫，自然交配成功率仅为 25%左右。人工养殖大熊猫自然生存能力大幅度降低，人工种群大熊猫能否顺利放归，以壮大野生大熊猫种群数量，问题还很多。

（三）栖息地孤立、遗传退化

大熊猫野生分布于我国六大山系，多生活于海拔 2 000 m 的山地，相互隔离，而且即便是在同一山系内，相互隔离也是司空见惯，这样一来，不同种群间的遗传基因难以有效交换，而同一种群在数量较少时，近亲繁殖概率必然增大，隐性有害基因纯合度增加，从而导致种群的遗传衰退，个体对环境的适应能力降低，生活力和生殖力减退，使大熊猫逐渐走向衰亡。有的栖息地保护区内的大熊猫仅有 1－2 只，已不能构成有效的繁殖种群，无法完成基因的遗传，失去了保护的价值。

（四）人为干扰严重

随着人口的增加和生产活动的加强，人们向自然界的索取也越来越多，极大地破坏了大熊猫的栖息地，占据了它们的生存空间。森林的砍伐，加剧了大熊猫栖息地的破碎化程度或直接使大熊猫失去了适宜的栖息地。割竹挖笋，毁坏了大熊猫的食物源，使其丧失或减少了赖以生存的食物基础。频繁的栖息地人类活动以及时有发生的野生动物盗猎等都会影响到大熊猫的正常生活。

依据局部地区所在保护区调查的数据和以往的研究所积累的资料，应用种群生活力分析的一些原理和方法，对大熊猫种群灭绝风险进行了研究，对一些自然保护区的大熊猫在未来100年的种群动态作预测，结果显示，秦岭佛坪种群在100年内基本稳定，处于缓慢衰退阶段，其长期生存取决于它们的杂合性和近交衰退程度。岷山、邛崃山和小相岭的大熊猫，虽显示潜在的正增长率(1.006－1.198)，但即便在没有近亲繁殖和突变的情况下，其绝灭率仍然在4.9%－84%，而杂合率在56.9%－82.25%，均未达到保护生物学拟定的长期生存的种群绝灭率应小于2%、基因杂合率应大于90%的标准。其中种群数量小的相岭山系，若不尽快使被割裂的栖息地恢复成一完整的分布区，加之该区域供食的竹种单一，一旦竹子开花，这个山系的大熊猫将会在短期内有绝灭之虞。岷山和邛崃山系由于总体环境较为稳定，种群数量相对较多，在短期内突然绝灭的可能性小，但现状也不能完全支持其种群长期存活。关键在于，必须杜绝猎杀和捕捉，同时还要进一步扩大其栖息地，以降低被分割的亚种群杂合率的丧失，减少人为干扰，提供环境种群的整体稳定性。

秦岭大熊猫种群的遗传压力分析研究表明，每代将以0.545 6%的近交率丧失遗传多样性，而四川岷山北部和南部、邛崃山、凉山和相岭等5个山系，其种群每代分别以0.318 5%、5.555 5%、0.502 4%、0.877 2%和7.142 9%的近交率减少其杂合度的理论估算值。一些学者利用蛋白质电泳技术，分别对不同产地大熊猫血液同工酶及血浆蛋白进行比较研究，认为其遗传呈单态性，无地区间差异，物种多样性缺乏。而对大熊猫不同群体的线粒体DNA环区的序列分析表明，分布于不同山系之间的大熊猫种群没有显示出清晰的遗传分化。有学者将DNA指纹技术应用于大熊猫种群遗传基因多样性的研究，检测结果表明，秦岭、岷山、邛崃山、凉山和相岭五大山系群体内的遗传多样性严重缺乏，等位基因频率分别高达0.353 4、0.339 3、0.309 1、0.439 8和0.483 9，而杂合率分别为64.66%、66.07%、66.09%、56.91%和51.61%，各山系群体遗传多样性由高到低的排列顺序是邛崃山、岷山、秦岭、凉山和相岭，山系之间存在着明显的分化，尤以基因组的多态性方面遗传分化更为显著。在亲缘关系上，已形成秦岭山系、岷山—邛崃山系和凉山—相岭山系3个遗传类群，且后者有较近的亲缘关系，与秦岭山系类群的亲缘关系相对疏远。

为了拯救大熊猫，人们将大熊猫迁移到人工环境或栖息地以外的野生环境中实施保护，收容救治伤病大熊猫或因食物短缺等危及其生存的大熊猫，迄今国内外已达200余只。但圈养繁殖后发生了多数雄性大熊猫成熟后不能自然交配，占到90%以上，雌性大熊猫则约1/3不能生育，幼仔出生率双胞胎比野外多，但存活率和寿命却比野外低的情况，如武汉动物园饲养的大熊猫最高年龄37岁3个月，国外华盛顿和巴黎动物园大熊猫仅存活28岁。就营养而言，任何一个饲养单位的饲料配方都比野外高，然而大熊猫的寿命却低于野外平均寿命，平均仅活10岁。这为我们圈养大熊猫提出了一系列的问题。如何科学配制饲料，如何模拟野外食性和营养选择投喂，如何加强活动量以增强体质和抗病能力，如何建立人工种群及管理等，这些问题都亟待解决。

野生大熊猫由于种群数量小，特别是随着人类活动空间的扩增和人口的增长，其种群之间隔离以及赖以生存地越来越小或丧失，如果不采取积极有效的措施，就有可能从地球上永久地消失。大熊猫的生存，需要人类的帮助。为了大熊猫，也为了人类自己，关爱大熊猫，拯救大熊猫，任重而道远，让我们付出不懈的卓有成效的努力吧！

参考文献

[1] 胡锦矗. 关于大熊猫的中文名称[J]. 中国科技术语, 2009(1):28-29.

[2] 吕植. 以约定俗成的原则来对待"大熊猫"[J]. 中国科技术语,2009(1): 29.

[3] 胡锦矗. 大熊猫的起源与演化[J]. 中国林业,2008,11B:30-35.

[4] 胡锦矗. 大熊猫研究与进展[J]. 西华师范大学学报:自然科学版,2003,24(3):253-257.

[5] 李承彪. 大熊猫主食竹研究[M]. 贵阳:贵州科学技术出版社,1997.

[6] 国家林业局. 全国第三次大熊猫调查报告[M]. 北京:科学出版社,2006.

[7] 黄华梨. 甘肃白水江大熊猫[M]. 兰州:甘肃科学技术出版社,2005.

[8] 北京动物园. 北京动物园文集[M]. 北京:中国农业大学出版社,1998.

[9] 叶掬群. 大熊猫的人工饲养[M]// 北京动物园文集. 北京:中国农业大学出版社,1998:31 36.

[10] 欧阳淦. 大熊猫的繁殖及幼兽生长发育的观察 [M]// 北京动物园文集. 北京: 中国农业大学出版社, 1998:27-30.

[11] 秦自生,艾伦·泰勒,蔡绪慎. 卧龙大熊猫生态环境的竹子与森林动态演替[M]. 北京:中国林业出版社,1993.

[12] 傅金和,刘颖颖,金学林,等. 秦岭地区圈养大熊猫对投食竹种的选择研究[J]. 林业科学研究,2008,21(6):813-817.

[13] 金学林. 秦岭大熊猫的保护现状及易地保护研究[J]. 西北大学学报:自然科学版,2008,38(2):248-252.

[14] 南开大学,武汉大学,复旦大学,等. 普通生物学[M]. 北京:高等教育出版社,1983.

第二编 竹的生长和营养成分

竹类植物在植物分类系统中为种子植物门被子植物亚门单子叶植物纲禾本目禾本科竹亚科。世界上分布有草本竹和木本竹，本书中仅介绍木本竹。

竹子为多年生木本植物，但竹子的个体生长和发育与其他乔木、灌木等木本植物不同，具有特殊的规律。竹子往往数十年才开花一次，一旦开花便全株枯死，故而翠竹林常见而开花结实不常见。其物种的传播和繁殖主要是通过营养体的分生，其次才是通过开花结实繁殖更新。由于竹子特殊的开花习性，利用花和种子等器官对竹子进行识别在实践中难度较大，故而除了利用花、果等生殖器官外，竹子的营养器官如地下茎、分枝、秆箨、竹秆、叶片等特征常常也被用作竹种识别和类群区分的重要依据。

竹子的秆由真秆、秆基、秆柄三部分组成。真秆露出地面，一般为圆筒形、中空，少数可为实心。秆基和秆柄为竹子的地下部分，统称为竹兜。秆基节间短缩，节上生根，丛生竹的秆基在竹秆分枝方向的两侧着生着芽眼，可萌发成竹；秆柄为竹秆与母竹或竹鞭相连接的部分，短缩，细小，不生根，也没有芽，俗称"螺丝钉"。真秆由几十个节和节间组成。节由秆环、箨环、节内和横隔组成，秆环位于节的上部，是居间分生组织停止生长后留下的环痕；箨环位于下部，是秆箨脱落后留下的环痕；秆环与箨环之间的部分称为节内，节内通常较短。两个节之间的部分称为节间，节间的长度随竹种而不同，较短者十几厘米，较长者可达几十厘米甚至上百厘米。在竹秆的内部，节内部分有一木质横隔，不同竹种的横隔厚度不同，如毛竹的横隔较厚。

竹子的花序由小穗组成，每个小穗轴上可着生 1 朵至数朵小花，基部有颖片 1—2 枚或无。小花由内稃、雌蕊、雄蕊、鳞被、外稃组成。雌蕊包括子房、花柱、柱头，子房的基部有鳞被 2—3 枚，或缺失；雄蕊由花丝和花药组成。

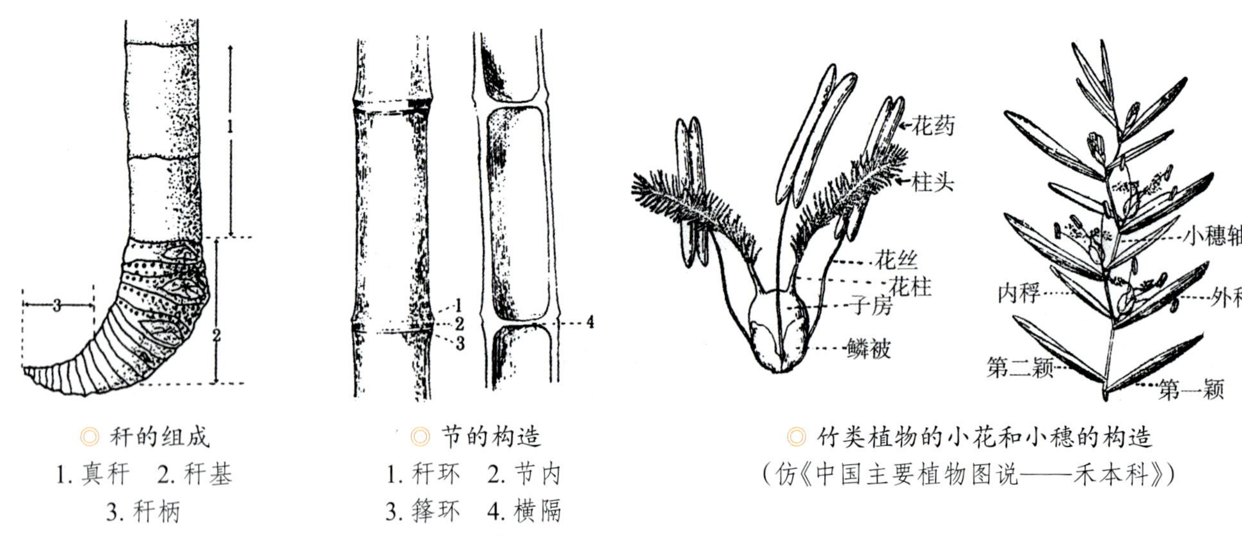

◎ 秆的组成
1. 真秆　2. 秆基
3. 秆柄

◎ 节的构造
1. 秆环　2. 节内
3. 箨环　4. 横隔

◎ 竹类植物的小花和小穗的构造
(仿《中国主要植物图说——禾本科》)

依据竹子的地下茎类型，常将竹子划分为合轴型、复轴型和单轴型。合轴型可以再分为合轴丛生型和合轴散生型，合轴丛生型的竹子新秆由秆基上的芽眼发育而成，地上部分密集成丛，称为丛生竹；合轴散生型的竹子新秆也由秆基上的芽眼发育而成，但秆柄在地下有较明显的延长生长，故而地面上部的竹秆呈散生状，称为合轴散生竹。复轴型的竹子其秆基的芽眼和竹鞭上的侧芽均可以发笋长竹，也可以发育成竹鞭，故而其地上部分的竹秆或散生、或丛生，称为混生竹。单轴型竹子其竹鞭上的芽或者发育成竹笋长竹，或者发育成新的竹鞭，地上部分的竹秆散生，称为散生竹。

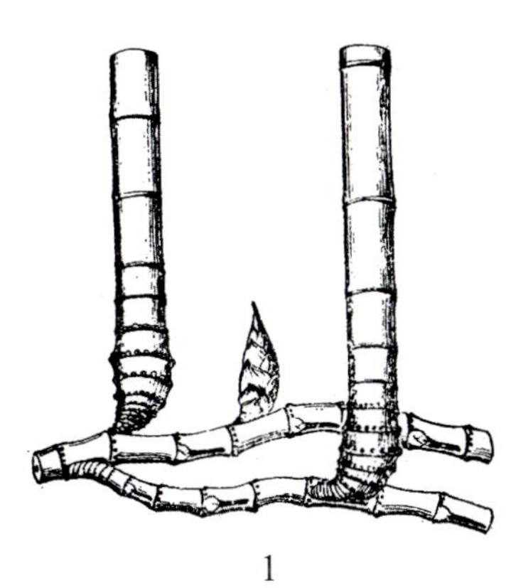

1

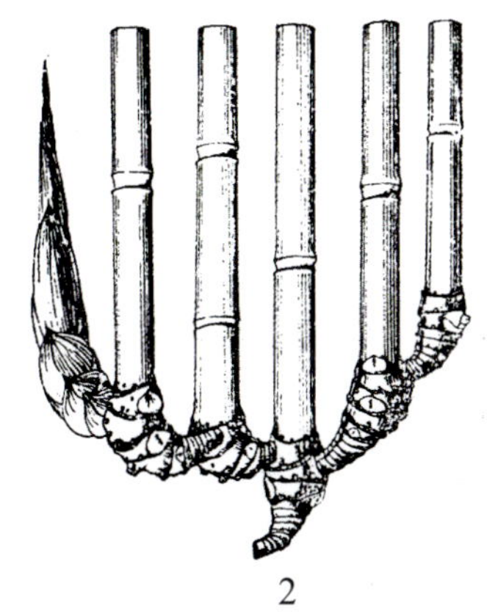

2

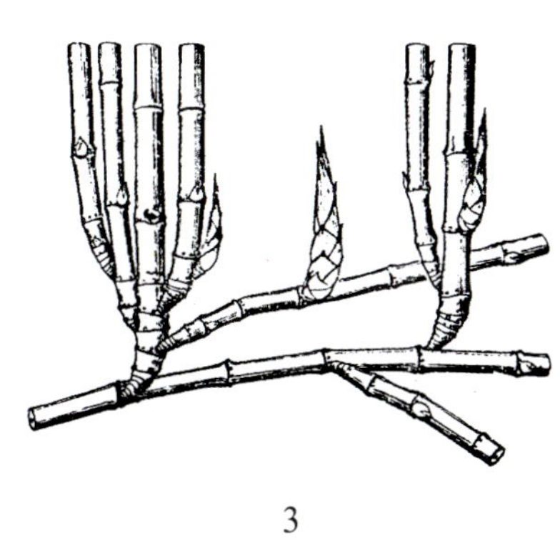

3

◎ 竹类植物地下茎的几种类型（仿《竹林培育》）
1. 单轴型 2. 合轴型 3. 复轴型

丛生竹一般笋期较迟，冬季来临时竹秆尚未木质化，对低温的抵抗力较弱，在我国常分布于福建、广东、广西、云南、四川、贵州等地。在武夷山系、南岭山系、贵州西部至四川盆地等中亚热带南部地区，属于竹子分布的过渡地段，分布着包括丛生竹、混生竹、散生竹在内的多种竹子类型。在南岭以北至黄河流域的中亚热带北部地区，竹子的分布则以散生竹为主，也有混生竹种，少数耐寒丛生竹也可生存。

一 散生竹的生长

散生竹具有发达的地下茎，地下茎既是竹子养分吸收、贮存和输导的主要器官，又具有强大的分生繁殖能力。散生竹类的生长不仅具有根的向地性生长和秆的反向地性生长，还具有地下茎的横向地性生长。竹连鞭，鞭生笋，笋长竹，竹又养鞭，循环增殖，相互影响，且在这个过程中进行着营养物质的吸收、合成、分配、消耗和积累等生理活动的自动调节，形成了散生竹生长的全过程，这既是散生竹生长的特点，也是散生竹繁殖更新的规律。

散生竹地下茎可在地下长距离延伸生长，称为竹鞭。竹鞭分节，节上生根，称为鞭根，主要起吸收水分和养分的作用。节上着生一芽，相邻节上芽交互排列，称为鞭芽，鞭芽可以发育成新的竹鞭或发育成竹笋萌发出土成竹。散生竹地上部分竹秆散生，如刚竹属（*Phyllostachy*）、酸竹属（*Acidosasa*）、大节竹属（*Indosasa*）等。毛竹（*P. heterocycla* var. *pubescens*）是我国栽培面积最大、经济价值最高的散生竹种。由于对毛竹的生长研究最为深透，所以下面主要以毛竹为例介绍散生竹的生长规律，其他中小型散生竹种的生长发育与毛竹略有不同，可以参考。

（一）散生竹地下茎的生长

散生竹从土壤中吸收养分和发笋长竹繁衍后代主要靠竹鞭，因此竹鞭生长与竹林生产密切相关。散生竹的竹鞭分布在土壤上层，在土中呈波状横向延伸。竹鞭在土壤中的分布，随竹种和土壤条件等不同，毛竹秆型高大，竹鞭分布于地下 10－40 cm 的范围内，有时可达 1 m 深，而淡竹（*P. glauca*）、早竹（*P. violascens*）、桂竹等竹种的竹鞭则一般分布于地下 10－25 cm；在肥沃疏松的土壤中竹鞭一般分布较深，而在贫瘠板结的土壤中竹鞭分布则较浅。

1. 竹鞭的生长

散生竹的竹鞭可分为鞭柄、鞭身、鞭梢三部分。鞭芽萌发初期，居间分生组织的细胞分裂、分化和伸长的活动小，形成节间短缩细小、无根无芽的鞭柄。随着分生组织的继续分裂，鞭柄逐渐变粗，节间由短而长，并逐渐长出鞭根和鞭芽，形成正常的鞭身。鞭梢又称鞭笋，是竹鞭的先端部分，被鞭箨包被，竹鞭在地下纵横延伸是通过鞭梢的生长来实现的。鞭梢顶端的分生组织不断分裂细胞并分化成为鞭节、侧芽、鞭箨、居间分生组织等。居间分生组织位于鞭节之上，又叫生长带和生长环，它可以进行细胞分裂增加竹鞭的节间长度和粗度。

在花年毛竹林中，竹鞭在每年的生长季节都有生长。在大小年毛竹林中，往往是小年以长鞭为主，大年竹鞭生长量较小。小年竹鞭生长一般于 3、4 月或 5 月开始生长，至夏秋季节，新竹抽枝展叶，营养旺盛，竹鞭进入快速生长期。鞭梢在 6－8 月生长最快，至 11 月生长接近停止。鞭梢开始生长和停止生长时的月平均气温约为 13－14℃。竹鞭的年生长量一般为 2－3 m，最长可达 6－7 m。

竹鞭的生长量受土壤和气象条件的影响很大。在竹鞭生长旺盛的 6－7 月，若降水充足，则年生长量会较大。在疏松肥沃的土壤中，鞭梢生长速度快，长成的新鞭起伏扭曲少，岔鞭少，节间长，鞭径大，侧芽饱满。竹鞭在土壤中宽径与地面平行，芽在竹鞭两侧，有利于抽鞭发笋。在干燥、瘠薄、板结、石砾过多或积水的土壤中，竹鞭生长阻力大、分布浅，鞭梢生长缓慢，起伏大，方向不定，且经常发生折断而分生岔鞭，致使新生长的鞭段短，节间粗细不匀而短缩扭曲，侧芽瘦小，不利于发鞭长竹。竹鞭生长过程中有趋肥避光、向松避紧的特性，这也造就了竹鞭的重叠交错分布。

鞭梢在冬季停止生长后，一部分会自行萎缩断脱；竹鞭在生长期间遭遇岩石、水渍、机械损伤等不利条件时，也会伤断，称为断梢。在来年的 5、6 月，鞭梢附近的侧芽萌发，长出新鞭，称为岔鞭或侧鞭。也有一部分鞭梢（往往是入土较深的鞭梢）则在冬季停止生长或生长极为缓慢，到来年 4－5 月的竹鞭生长季节再开始继续生长。

竹鞭在生长过程中常发生折断现象，发生折断的部位可在鞭梢或鞭身，但绝大部分是鞭梢。鞭梢折断，群众又称之为“秃顶”。鞭梢折断后，断点附近的侧芽会很快萌发形成新鞭，称为岔鞭或子鞭，而原断之鞭，称为母鞭或主鞭。岔鞭的鞭梢一般与主鞭呈 30°左右的夹角，极少有超过这个角度甚至成为钝角的。岔鞭多发生在断点附近。竹鞭的分岔方式一般有如下 4 种类型：

（1）单侧分岔：只在主鞭一侧生出 1 支岔鞭。

（2）两侧单岔：在主鞭的左右两侧各生出 1 支岔鞭。

（3）单侧多岔：在主鞭的一侧生出 2 个以上的分岔。

（4）两侧多岔：在主鞭的两侧均有分岔，且至少有一侧的分岔为 2 个以上。

据调查，绝大多数出现的岔鞭是单侧分岔，两侧单岔比较少见，后两种情况则更为罕见。当岔鞭断稍后，断头附近继续岔生新鞭，纵横交错，形成竹林的地下系统。新鞭不断产生，老鞭逐渐死亡衰退。一般情况下，新鞭往往分布在老鞭的上层。毛竹的竹鞭可存活10—12年，其他中小型散生竹的竹鞭较毛竹为短。

在任何条件下，不具岔鞭的同一段竹鞭大都近于直线状向前延伸，发生转弯的现象较为少见。转弯多为锐角，也可成直角，极个别可以在环绕360° 后又继续向前生长。生长在坡地上的竹鞭，走向不定，向上坡、下坡和水平生长均有。调查资料表明，水平生长最多，向下坡生长最少。

竹鞭在土中生长，有时钻出地面而后随即又钻入土中，称之为跳鞭。跳鞭一般节密而细小，经光照而呈绿色，其上面的芽很少萌发，根眼也很少生根。跳鞭不宜伤断，以免割断其地下输导系统，影响发笋长竹，可加以覆土保护。也有的鞭梢出土后继续高生长而形成竹秆，称之为鞭竹。鞭竹一般弯曲、细小，尖削度大，不堪使用。

2. 芽的生长

竹鞭形成时，每节同时形成一芽，芽一旦损坏就不能再生。芽所着生的竹鞭年龄即为芽的年龄。芽的形态和生长随年龄的增加而变化，不同年龄芽的发笋能力不同。通常1—2年生芽不具发笋能力；5—6年生的芽生活力最强，发笋能力最旺盛；以后随着年龄增加，芽的发笋力又渐次降低；12—13年以上的芽基本上丧失萌发力。据江西省丰城县坪荫林场调查，1/15 ha面积内竹鞭长达3 615 m，鞭上自然枯灭的芽占76.9%，能成竹的芽仅占总芽数的1.16%。

笋和鞭都是由竹鞭上的定芽形成，但在外形上无法分别哪些是笋芽，哪些是鞭芽。鞭柄的各节不具定芽，但具隐芽。当鞭根正常生长条件受到限制时，在某些情况下，隐芽可以发育成新鞭或新竹，但所成的鞭、竹形态异常，如细小、弯曲等。

3. 鞭根的生长

竹鞭刚形成时，在鞭梢50 cm的范围内一般并无生根，但鞭根的根点在竹鞭形成时已经存在。竹鞭形成后的1—2年内，鞭根渐次形成，以后则不再增加，只增加木质纤维化程度。约在11—12年后，鞭根逐渐发黑干枯死亡。

从地下茎上的根眼萌生的根称为茎生根。茎生根可以分生出许多支根，顺次可达4—5级。在地下茎的整个生命过程中，茎生根只发生1次，不可再生，而支根则能更新，尤其是3—4级支根受环境变化的影响可多次更新。每米长的竹鞭上所发生的茎生根和支根的体积可达100—200 cm^3。

鞭根的生活力与年龄的关系密切，呈一定的规律性变化。不同年龄竹株伐桩的伤流量可以作为衡量竹株鞭根生活力的一个标志。试验表明，6年生以前的竹株鞭根生活力随竹龄增大而增强，6年生竹株鞭根生活力最大，以后则随着年龄增长而生活力下降。

4. 竹鞭生长与发笋、成竹和退笋的关系

（1）竹在竹鞭上的着生顺序。大部分是“幼鞭生幼竹，老鞭生老竹”，即年龄较大的竹鞭上所着生的竹比年龄较小的竹鞭上所着生的竹的年龄大些，这种情况称为按年龄顺序着生。但也有一部分则是不按年龄顺序着生，而是不同年龄的竹着生在同一年龄的竹鞭上或相同年龄的竹分别着生在不同年龄的竹鞭上，甚至还会出现“幼鞭生老竹，老鞭生幼竹”的情况。

（2）不同年龄竹鞭的生竹情况。竹鞭的年龄不同，其发生新竹的能力也不同，这可以通过不同年龄竹鞭生新竹的数量和质量来反映。据调查，竹鞭在1年生以前和13年生以后一般不生竹，3—6年生的竹鞭尤其是5—6年生的竹鞭生竹能力最旺盛，6年生以后的竹鞭的生竹能力又渐次降低（见表2-1）。

表 2-1　不同年龄的毛竹竹鞭生长竹数

竹鞭年龄(年)	1—2	3—4	5—6	7—8	9—12	13 以上	合计
生竹数(株)	0	20	21	6	2	0	49
平均胸径(cm)	—	10.93	10.26	10.42	10.2	—	
占总竹数(%)	—	41.5	42	12.5	4.0	—	100

新生的竹鞭鞭节为鞭箨所包被，呈淡黄色，组织幼嫩，富含水分和养分，自身需要充实生长，称为幼鞭，一般不能发鞭生竹。1 年以后，逐渐成熟，进入壮龄竹阶段。毛竹的壮龄竹鞭时期为 3—6 年，中、小型竹种其壮龄竹鞭为 2—4年。壮龄竹鞭养分丰富，抽鞭发笋能力最为旺盛。随着鞭龄的继续增加，鞭色变褐至深褐色，所含水分养分锐减，鞭根开始断脱、死亡，吸收能力下降，竹鞭上一直没有萌发的休眠芽也逐渐丧失了萌发能力并开始腐烂死亡，即使偶有抽鞭发笋亦是孱弱细小或中途败退死亡，这时竹鞭进入老龄时期。竹鞭的寿命，毛竹可达 12 年左右，其他小型竹种寿命较毛竹短些，为 7—8 年。

（3）竹鞭的入土深度不同，生竹和发生退笋情况不同。以入土深度在 16—30 cm 范围内的鞭生竹最多，绝大多数的退笋发生在入土深不足 15 cm 的鞭上。随着竹鞭入土深度的增加，竹鞭上立竹眉围有增加的趋势(见表 2-2，表 2-3)。

表 2-2　毛竹立竹的竹鞭的入土深度

立竹入土深度(cm)	6—10	11—15	16—20	21—25	26—30	31—38
数量(株)	4	17	51	27	28	12
百分比(%)	2.9	12.3	36.7	19.5	20.1	8.6
立竹眉围(cm)	26.2	32.7	34.2	36.2	36.8	37.2

表 2-3　毛竹退笋的竹鞭的入土深度

退笋入土深度(cm)	8—10	11—15	16—20	21—25	26—30
数量(株)	9	50	18	5	1
百分比(%)	10.9	60.2	21.7	6	1.2

（4）竹鞭类型与发笋成竹的关系。竹鞭上的芽分布在竹鞭左右两侧且和地面平行，这种鞭称为“排鞭”。如芽分布在竹鞭上下两侧，和地面垂直，则称为“棱鞭”，其上方着生之笋称为“立笋”，下方着生之笋称为“吊笋”。90%以上的立竹为排鞭所生，排笋之总数也占总出笋数的 90%以上(见表 2-4)。可见，排鞭是竹鞭的一般的和正常的生竹状况。

表 2-4　不同类型竹鞭的发笋成竹情况

	总笋数		成竹笋数		退笋		
	数量(株)	百分比(%)	数量(株)	百分比(%)	数量(株)	百分比(%)	退笋率(%)
排笋	75	90.4	46	92.0	29	87.9	38.6
立笋和吊笋	8	9.6	4	8.0	4	12.1	50
合计	83	100	50	100	33	100	—

（5）芽在竹鞭上着生部位与发笋成竹的关系。按芽在竹鞭上着生的部位不同，可分为在鞭段中部和断点处(距断点 50 cm 以内)两类。由表 2-5 可知，约 90%的笋着生在鞭段中部，断点处仅有 10%左右，而且断点处的成竹率由于营养输送的顶端优势而相对较高。断点附近的芽大多萌发成新竹鞭。

表 2-5　芽在鞭段上的着生部位与发笋成竹情况

竹笋着生部位	笋		成竹笋	
	株数	百分比(%)	株数	百分比(%)
鞭段中部	496	88.8	44	86
断点处	62	11.2	7	14
合计	558	100	51	100

（6）竹鞭系统长度与发笋成竹的关系。从鞭柄开始到鞭梢或断点处，称为鞭段。将鞭柄相连接的许多鞭段的总体称之为一个竹鞭系统。

竹鞭系统的长度决定了养分的贮存、转运、吸收和消耗的能力，也就影响了它的发笋成竹。通过调查可以看出，若竹鞭系统小，每单位长度竹鞭平均发笋数量多，老竹发竹率高，成竹率亦高，退笋少，但由于每支新竹所占的竹鞭少，营养不足，所以成竹质量差。竹鞭系统大时，情况则相反。

5. 竹鞭系统上的母竹情况和竹鞭发笋成竹的关系

竹鞭的生长在很大程度上决定了其上所生的母竹的情况，而竹鞭上的母竹的数量和质量也对竹鞭的发笋成长起着重要的作用。

据国内外用同位素等方法研究表明，竹鞭上的竹笋的生长和成竹所需要的营养物质主要由来鞭上的母竹供给。在母竹的去鞭上一般皆着生竹笋。若一个鞭根系统上只有 1 株或 2 株母竹，一般着生 1 支成竹笋；若一鞭根系统上具 2 支成竹笋，则来鞭一般着生 2 株以上的母竹。来鞭上的母竹数多于成竹笋，则成竹笋所成新竹的胸径将大于母竹的胸径。因为只有较多的母竹，才能生产供较多的成竹笋生长所需要的营养。竹鞭系统上的母竹越多，出笋数量就越多，成竹率就越高，新竹质量越好；竹鞭系统上的母竹越少，其母竹发竹率高，但总笋数、成竹率和成竹质量皆低(见表 2-6)。

表 2-6 竹鞭系统上的母竹数与竹鞭发笋成竹的关系

每竹鞭系统上的母竹数(株)	每系统平均生笋数	每系统平均新竹数	成竹率(%)	发竹率(%)	母竹眉围(cm)	新竹眉围(cm)
1—3(18 个系统)	13.3	1.33	10	55.8	35.6	31.3
4—6(10 个系统)	18.9	2.1	11.1	44.7	35.7	36.0
7—9(2 个系统)	23	3	13	31.6	35.5	36.1

(二)竹笋—幼竹生长

1. 笋芽的分化和幼笋的形成

散生竹类的笋是由鞭上的芽分化成笋芽并逐渐由其顶端的分生组织经过细胞分裂增殖,形成节、节隔、节间、侧芽、笋箨和居间分生组织,并逐渐膨大形成的。这一阶段均在地下土壤中进行,生长比较慢,经历的时间也较长,不少竹种是从夏末秋初至来年春季形成笋芽,跨越两个年份。如毛竹的笋芽分化于夏季—秋初开始,经分化形成与竹鞭呈 20°－50°角向外向上生长膨大的笋芽,到 9－10 月初具笋形。严冬来临时,竹笋的生长进入休眠状态,这时笋箨呈黄色,外被绒毛,即通常所称之冬笋。到来年春季,气温回升,冬笋继续生长并出土,称为春笋。早竹、淡竹、桂竹等中小型竹种,其笋芽的分化和幼笋的形成可稍迟,在秋后冬初形成,来年出土,或者在春季形成并出土。

竹林的发笋因竹种和立地条件及经营管理的不同而有差别。大型竹种,因为笋体大,发笋量就少。如毛竹林和四川的寿竹林,每亩发笋即使在大年也不过一两百支,在小年则数量更少。小型竹种如石竹、花竹等,由于个体小,每亩的发笋量可达两三千株。在立地条件和经营管理都好且郁闭度大的竹林中,一般出笋数不多,但比较整齐和均匀,退笋率较低,笋体粗壮,长势旺盛。在瘠薄土壤上的稀疏竹林,则往往出笋数较多,但细小孱弱,长势差,成竹质量差,退笋率亦高。特别在强度砍伐和竹鞭大量损伤后,竹鞭上处于休眠状态的芽会大量萌动,使竹林大量出笋,但都是弱小之笋,而且在生长中大部分败退死亡,仅小部分可长成细小竹子,使竹林很快衰败。

在笋芽分化形成阶段,如遇上久晴不雨的干旱天气,则会影响笋芽的分化,使来年的出笋数量大减。如安吉县 1978 年 6－8 月严重干旱,降水量不及正常年份的一半,这时正值毛竹笋分化形成时期,致使 1979 年春季大年出笋数大减,仅及正常年份的 1/3－1/2。如果笋芽分化阶段土壤水分状况良好,将使笋芽大量分化,来年出笋数量大增。如安吉县 1980 年的夏秋季节雨水充沛,出笋季节降水较多,结果 1981 年大年毛竹出笋数比正常年份猛增近一倍。研究表明,利用毛竹笋芽分化形成时期的 7－10 月和出笋前后一段时间(2－4 月)的降水量可以对来年出笋数或成竹数作出比较准确的预测预报。施肥试验表明,在正常年份如于夏季 7－9 月对竹林施入适量化肥,可使来年春出笋数和成竹数增产五成以上。

2. 出笋期

笋的先端露出地面谓之出笋。出笋期是指该竹种从最早一批笋出土到最末一批笋出土之间的时期。它和笋期的概念应该不同,笋期则是指某竹种的笋的整个生长所历时的时期,即是指从笋芽分化膨大到笋先后出土并长大到发枝展叶形成新竹前的时期。散生竹类的笋芽分化膨大往往始于头年夏秋,来年春季出土,因而习惯上所讲的笋期则不包括笋出土前的生长,仅指从笋出土到长成新竹前的一段时间。所以,出笋期应是指在笋期中竹笋出土的一段时间。

竹种不同，出笋期不同。根据对安吉县23种乡土刚竹属经济竹种的出笋期的观察记载来看，出笋期始于3月下旬，终于5月中旬，先后历时两个月。出笋较早的是早竹、毛竹、石绿竹等，出笋最迟的是五月季竹、刚竹以及它们的变种。因为出笋期迟，所以刚竹在浙江有的地方叫迟竹或晚竹，五月季竹（安吉）则称麦黄竹（临安）。

每一竹种的出笋期前后历时可为半个月至一个月左右。在出笋期内按竹笋出土的先后划分成早、中、晚3个阶段时期，各时期出笋数、退笋率和成竹率亦各不相同（见表2–7）。

表2–7　毛竹出笋期与退笋、成竹的关系

	出笋期	早期（3月26日以前）	中期（3月27日—4月10日）	晚期（4月11—20日以后）
出笋	出笋数（株）	206	404	115
	占总出笋数比值（%）	28.4	55.7	15.9
退笋	退笋数（株）	108	250	74
	退笋率（%）	52.4	61.9	64.3
成竹	成竹数（株）	98	154	41
	成竹率（%）	47.6	38.1	35.7
	新竹平均眉围（cm）	29.1	23.4	20.5

注：数据来源于1982年安吉县灵峰寺林场。

从表2–7可以看出，早期所出笋数量较少，但由于其往往是个体发育较快的笋，因而形体较粗大，在生长中营养条件也较好，因此成长质量最好，近半数的笋可以成竹，在生产上应尽量保留以养成大竹。晚期出的笋，本身生长发育就迟而弱，个体常常较小，出土后的生长中营养条件也差，因而成竹率最低，成竹质量也最差，可尽早组织劳力较多地挖掘供食用，以减少竹林养分的不必要消耗。也有部分末期笋由土壤下层的笋芽发育而成，由于在土壤中发育时间长而出土较晚，个体健壮，成竹质量好，如毛竹林中的“黄芽笋”，出土时箨叶、缝毛呈红色，容易辨认。中期出土的竹笋，其成竹率和成竹质量介于两者之间，但它所占的比值最大，所以是竹林笋期管理的主要对象。对中期笋中生长较弱小、长势不旺、同一竹鞭上生长过多的以及已退的笋应及时挖除，而对其中个体粗大、长势旺盛的竹笋则应加强管理，留养成新竹。

散生竹中的早竹、毛竹等，出笋期较早。这几个竹种中在出笋期出土特别早的少量笋，由于早春季节气温常偏低且波动大，竹笋在低温天气易受寒害而影响成竹率，在生产上应根据气候的变化因地制宜地决定这些早期笋的挖除或留养。

在相同的立地条件下，不同竹种的出笋期不同，这取决于各竹种的遗传特性的不同。同一竹种在不同的立地条件下，其出笋期亦不同，这是由于立地条件的差异造成的。在影响和决定出笋期的诸多因子中，决定性的因子是温度。如毛竹，据调查在广东、广西于2月即出土，而到了开展“毛竹北移”的山东、河南等省，开始出笋的时间要推迟到4月上、中旬。即使在同一地区，由于小气候的不同，出笋期亦有变化，背风向阳地常早于阴坡地，平地早于高海拔的山地等。之所以发生这种变化，正是由于南方温度高于北方，平地高于山地，阳坡高于阴坡之故。

根据观察研究，刚竹属的一些经济竹种出笋所要求的最低旬平均温度大体上是：早竹、毛竹为9—10℃；石绿竹、石竹、花竹等为10—14℃；红竹、淡竹、紫竹、毛金竹、白哺鸡竹、芽竹等为14—16℃；水竹、浙江淡竹、白皮淡竹、红边竹等为16—17℃；黄古竹、实心竹、安吉金竹等为17—18℃；五月季竹、刚竹以及它们的变种为18—19℃。

3. 笋期生长

（1）生长的一般过程。竹笋幼竹的生长是通过各节的生长来实现的，每节的生长则又是通过每节的居间分生组织经过细胞分裂分化伸长加大和老化成熟而完成的。在生长的全过程中，竹笋各节的生长并不是同时开始和以等同速度进行的。生长的区段是先从基部开始，自下而上逐节向上推移。生长区段的节间组成，在大型竹的毛竹可多至14－15节，在中、小型竹种则节数要少一些，可为10节左右。在生长区段内，每一生长着的节也是自下而上，按初期—盛期—末期的节律由慢而快、最后又变慢的速度规律性地生长。在生长区段内的下部节处于生长末期，中部则为盛期，上部则为初期。下部节生长逐渐停止，紧接着原生长区段上部节的生长则逐渐开始，从而实现生长区段由下而上逐节向前推移，直至竹笋顶部数节生长停止，新竹的高生长即告结束。

一般散生竹，每一节上的居间分生组织的细胞分裂和伸长活动是以等同速度进行的，所以节间四周大致等长，竹秆圆满通直。在少数竹种中，其分裂和伸长速度不同，因而引起节间的外形变化，形成畸形肿胀，如罗汉竹。有的出现深浅宽窄不等的纵长沟纹，如皱竹。龟甲竹的基部数节的居间分生组织，在不同方向上的细胞分裂和伸长活动速度不同，因而形成了节间的交互歪斜和畸形肿胀。

（2）生长期和生长量。在整个植物界中，可以说没有什么植物的生长速度能够和竹类相媲美。在整个竹类植物中，散生竹中的刚竹属竹种的笋期生长速度更是首屈一指，其最大日生长量据日本上田弘一郎教授测定，五月季竹和毛竹的笋日生长量分别达121 cm和119 cm。这样大的日生长量，比很多树种一年的高生长量都大。

竹笋在出土前，全笋已形成一定数量的节、节间、节隔、笋箨等组织，出土后顶端分生组织继续分裂分化形成幼箨和节，直到顶端形成一个顶生顶芽，顶端分生组织的分隔活动才趋停止，节和箨的分化结束，此数量即为长成新竹的节数，不再增加新节。竹笋生长从基部开始，先是笋箨生长，继而是居间分生组织逐节分裂生长，使竹笋向上穿过土层长出地面。竹笋从出土到发枝展叶长成新竹，因竹种不同，笋期生长所历时的天数和最大日生长量不同。短者只要半个多月，长者则要40－50 d。若成竹高相近，较迟出笋的竹种比较早出笋的竹种生长所历时的天数有减小的趋势。如早竹、毛竹出笋期早，则笋期生长一般历时长。据测定，早竹长成新竹高2 m多需时32 d，而出笋期迟的刚竹长成2 m多高的新竹只要17 d。产生这一趋势的原因是由于较早出笋的竹种在笋期生长历时的季节气温尚较低，而且温差变化大，不利于竹笋的高生长。

竹笋的日生长量随竹种以及竹笋所成新竹大小的不同而有变化，一般大型竹种日生长量大于小型竹种；同一竹种的竹笋，所长成的新竹越高，其日生长量一般亦大。

竹笋出土后的生长速度不是一成不变的。尽管它的生长受到多种因素的影响，但其在整个生长过程中却呈现出规律性的变化。竹笋在刚出土时的生长相当缓慢，每日生长量不过1－2 cm或数厘米，这种速度要持续一个较长的时间。待到竹笋生长高达1 m以上时，生长量逐渐加快，日生长量最少也有10多厘米。待到将要发枝展叶长成新竹时，生长速度则将迅速下降，直到高生长基本停止。从笋出土至高生长结束的整个笋期的高生长大致可以分为初期、上升期、盛期和末期4个不同的阶段。

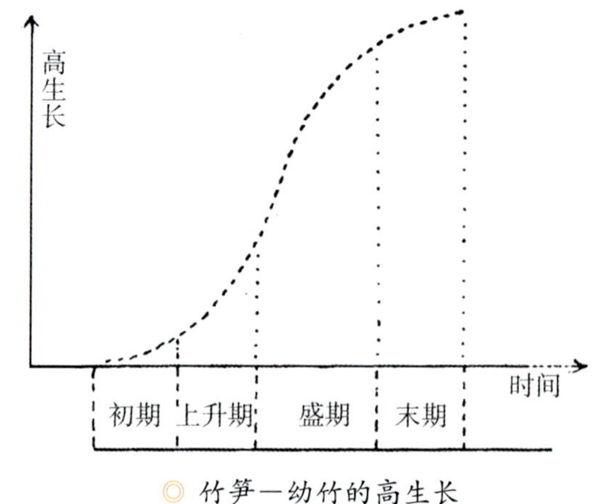

◎ 竹笋—幼竹的高生长

竹笋从出土到长成新竹的整个高生长过程与Logistic曲线

相吻合，曲线方程式为：

$$H=\frac{100}{1+\exp(a-rt)}$$

式中，H 为竹笋相对高度（笋高 / 所成新竹高）；100 为竹笋生长的饱和量；t 为竹笋出土后生长所历时的天数；a、r 为两个常数，可由试验观测数据用最小二乘法求出。

据我们在浙江省安吉县灵峰寺林场的观察研究，其毛竹在盛期出笋的竹株的高生长曲线方程为：

$$H=\frac{103.38}{1+\exp(5.8433-0.167t)} \qquad R=0.999$$

（3）笋箨生长。竹笋外部所包被的笋箨对竹笋的生长具有保护作用。它与居间分生组织同时形成，但在生长中则比节间生长早且迅速，当节间开始明显生长时，笋箨生长已接近结束。

在竹笋生长初期，笋箨的长度往往已若干倍于所着生的节间的长度，笋体的实际生长小于外形生长。随着竹笋高度的增长，两者之间的比率显著缩小，到节间停止生长时稳定下来。在高生长停止时，一般情况下，不同的竹种其笋箨的长度和所着生的节间长度的比值，除了最基部和最上部数节外，其余则往往有一固定比值，有的竹种的笋箨明显长于节间，如毛竹、刚竹；有的则短于节间，如淡竹、哺鸡竹等。笋箨的形状、大小等形态构造也随其所着生在秆上的部位不同而有明显差异。

随着节间生长的结束，笋箨的保护作用开始丧失，绝大多数散生竹的笋箨基部在其居间分生组织部位与箨环逐渐形成离层，很快笋箨即枯萎卷缩和脱落，维管束折断封闭，在竹秆上留下箨环。

竹笋的居间分生组织细胞的分裂和生长，是在充分膨胀的条件下进行的，笋箨的“吐水”现象即是这种生长过程的标志。在笋期生长的盛期，居间分生组织细胞的分裂和生长活动最为旺盛，在这时于夜间的毛竹林中，总可以听到水珠从笋尖和箨叶上落到林地上的声音，犹如降雨。竹笋正是通过这种水分的加速循环，显著加强了养分从竹鞭系统向竹笋的输导，满足了笋期迅速生长的需要。据南京林业大学的测定，一株 2.1 m 高的生长正旺的淡竹笋，晚上平均每小时从箨叶吐出水分 18 ml。

4. 枝叶生长

竹笋出土后，随着节间的生长侧芽也开始分化形成。毛竹笋在笋高 30 cm 时，侧芽已生长形成二排明显的肉眼可见的白色小颗粒。笋高达 120 cm 以后，从第 7—9 个侧芽开始，长度已超过所着生的节间长，说明侧芽的生长先于所着生的节间。由于侧芽生长发育早，组织相对较节间老化，外部又紧紧包被笋箨，因而使竹秆在节间着生芽的部位出现凹槽。

竹笋至幼竹生长到一定高度时，侧芽始突出笋箨而成长为枝条，这个时间通常是在竹笋至幼竹生长的末期。在展枝 10—15 d，新叶始展放。在浙北地区，毛竹林展叶盛期通常是在 5 月下旬。

5. 影响笋期生长的因素

（1）营养条件。竹类笋期的生长如此迅速，这需要大量的营养物质，而这些营养物质几乎又是全部靠母竹和竹鞭供给。在立地条件好且集约经营的竹林中，母竹和竹鞭贮存着丰富的养分，竹笋则生长旺盛，长成的新竹粗大，退笋率也会低。相反，若在立地条件恶劣且又强度砍伐、粗放经营的竹林中，则竹笋生长差，退笋率高，所成新竹小而质量差。同一竹林中，早期出土的竹笋的生长耗去竹林大量养分，晚期出土的竹笋则处于“饥饿”状态而弱小，生长缓慢，往往败退死亡。

（2）气候条件。笋期的生长受外界环境条件的影响显著。试验观察表明，散生竹类在一般的情况下，笋期的生长量受平均温度变化的影响尤其明显，竹笋的生长量曲线和平均温度的变化曲线呈显著的正相关。某天的平均温度高，则生长量明显大。低温到来时，生长量往往会直线下降，甚而引起部分退笋发生。

出笋期较早的早竹、毛竹，其最早出土的笋或浅鞭笋，容易受到低温危害而死亡，称为“冷退”。

在气候和土壤过于干旱的条件下，竹笋的生长也将严重受影响，部分生长弱的笋可因缺乏水分而枯萎死亡，称之为“干退”。如遇充足的降水，再加上适宜的温度，生长会明显加快，恰值出笋盛期时，则会有大量竹笋同时争相出土，即所谓的“雨后春笋”。

在笋期生长末期，大部分竹笋发枝展叶形成新竹，这时如遇大风吹袭，容易使新竹发生断秆断梢，影响新竹产量和竹材质量。

（3）病虫等危害。笋期的害虫有竹笋夜蛾、笋泉蝇、竹象鼻虫等。受到这些害虫危害的竹笋，生长缓慢，所长成的竹子竹秆上残留虫伤痕迹，有的则从虫眼处发生烂头断梢，新竹质量下降。受虫害严重者，则形成退笋，中途死亡，称为“虫退”。

发生毛竹烂蒲头病的毛竹林，竹笋也会感病，使竹笋发生中途死亡或在刚形成新竹时期即逐渐发生死亡。

6. 退笋的发生及其识别

竹笋在出土过程中或出土后未能发育成竹而中途死亡的现象，称为“退笋”。

一种退笋发生在竹笋未出土前，在土中即败退死亡，称之为泥下退或不出土退笋。与成竹笋同时陆续出土，在出土后的生长过程中发生死亡的退笋则称之为泥上退或出土退笋，平时所讲的退笋即指后一种退笋。

毛竹的竹笋在发生退笋的初期，笋箨顶部的肩毛开始枯萎，箨鞘上的茸毛开始下垂，远看笋尖失去光泽，竹笋高生长极缓慢甚至停止。退笋后期，则箨叶干枯，早晨笋尖无水珠，箨毛枯萎，箨鞘无光泽且颜色发暗，箨松散，笋尖饱满但用手摸去有发硬的感觉，剥开笋箨，呈现青紫色或由节的两边开始出现黄色，退笋越久笋肉越黄。

毛竹退笋多发生在笋高不及 20 cm 的时候，即在笋期生长的初期，这段时间又可以称之为竹笋的“自然稀疏期”。其他散生竹种发生退笋的高度范围可大些，但大多数是在 50 cm 的范围内，到竹笋长高到 1 m 以上时则少有发生退笋。竹林中发生退笋的数量常常是比较大的，往往占到总出土笋数的一半以上。

引起退笋的原因有很多，如病虫危害、气候不适以及发育不良等引起的“虫退”、“病退”、“干退”、“冷退”，但是在经营良好，无干旱、低温和病虫危害的情况下，退笋仍会严重发生，表明引起退笋的主要原因是营养不足，这类退笋占多数。

在同一竹鞭上，如果发生的竹笋数较多，竹鞭上的母竹数又少于发笋数时，总是有部分笋由于得不到足够的养分而萎缩死亡。在竹笋生长季节，若任意伐竹或断鞭造成竹液大量流失，割断了笋和竹的“母子”营养关系，这种竹笋被形象地称为“没娘笋”或“哭娘笋”。这种笋在生长中由于得不到充足的养分，必定大部分成为退笋，即使成竹，新竹也必定是竹秆矮小呈喇叭状，节间短缩，利用价值极低，俗称“刀伤竹”。在强度砍伐的竹林，立竹稀疏，竹林光合作用产量低，营养积累就很有限，这类竹林总是退笋率高，而且新竹质量一代比一代差。这种种现象都足以说明，“退笋”发生的主要原因是营养不足。

在竹林生产上，退笋应及时组织挖掘，这既能满足人们生活对竹笋的需要，增加竹农收入，又有利于竹林中健壮竹笋的正常生长。

（三）成竹生长

新竹形成后，竹子的秆形生长结束，竹秆的高度、粗度和体积基本上稳定下来，但这时的竹秆组织幼嫩，含水量很高，干物质含量少。例如毛竹的新竹秆，干物质含量仅为老化成熟的40%，其余60%要靠日后的成竹生长阶段来完成。成竹生长阶段决定着竹材的性质，也影响着竹林的更新生长。按照竹秆生长过程中的生理活动和物理力学性质的变化，可将竹秆生长的整个过程划分为3个不同的竹龄阶段。

1. 幼龄竹阶段

这一阶段竹秆的细胞壁迅速加厚，含水量不断减少，内含物逐渐充实，干物质重量逐渐增加，竹秆的材质生长处于增进期，竹材物理力学性质也相应不断增长，竹株的生理代谢活动最为旺盛，叶子的叶绿素、糖分和营养元素含量处于高水平状态。竹株此时所制造的营养物质主要用于自身的生长，用于发展自身根系、更换新叶、进行竹秆的干物质积累等。处于这一阶段的竹株年龄随竹种而有不同，如毛竹为1—3年，其他竹种为1—2年。

2. 壮龄竹阶段

这一阶段的竹株的营养物质含量和生理活动处于较高而稳定的水平状态，竹秆的含水量进一步减少，干物质含量进一步增长，竹秆的材质生长逐渐达到成熟时期，竹秆力学性质逐渐达到并稳定在高水平。竹株所制造的营养物质除自身生长外，主要是供应抽鞭发笋，尽管其所连接的竹鞭多已老化，失去抽鞭发笋能力，但其营养物质却可以通过所连接的竹鞭转运到壮龄竹鞭上。处于壮龄阶段的竹株是竹类生长的基础。毛竹的壮龄阶段为4—7年生新竹，其他中小型竹种为3—4年生。

3. 老龄竹阶段

壮龄以后的竹子，生活力逐渐衰退，由于自身呼吸消耗和物质的转移，营养物质含量相应降低，形成生理上的衰退和材质生长上的下降，竹材力学性质也逐渐下降。达到老龄竹阶段的年龄随竹种不同而不同，同一竹种与竹类的经营水平有关。毛竹的老龄阶段为8—10年生，中小型竹种为5—6年生。

（四）竹林生长

按照竹林生长形式的不同，大体上可分为大小年竹林和花年竹林2种类型。

1. 大小年竹林的生长

我国的绝大多数毛竹林为大小年竹林。在大小年的竹林中，大年大量发笋长竹，小年则发笋成竹较少，主要是进行长鞭换叶生长。大小年交替进行，每2年为1周期，称之为度。

大小年的界限划分有2种意见和方法：一种划分方法是出笋长竹多的那一年即为大年，出笋长竹少的一年即为小年；一种划分方法是竹林从大量发笋成竹后即大年结束，竹林进入小年，待到第2年竹种老叶枯落、新叶展放后小年结束，竹林进入大年。通常所讲的大小年是依第一种划分方法。

在大年竹林大量出笋长竹后，消耗大量的营养物质，老竹竹叶变黄，新竹要进行自身的生长，竹材的合成能力和代谢水平处于低潮，其竹鞭由于营养物质的匮乏，鞭梢的活动较迟，生长量也小，鞭上的侧芽基本上处于休眠状态，很少分化成笋芽或萌发长出新竹鞭。直到第2年竹林进入小年，老叶脱落，新叶展放，竹林的合成能力和同化作用显著提高，加上在大年中所积累的养分，使鞭梢较早萌动生长，生长量较大，到夏末秋初，促使大量侧芽分化萌动和生长成竹笋，待到来年大年时又大量出土长竹，这即俗称的所谓"大年出笋，小年长鞭"。

竹林的大小年可以通过竹林是否有大量新竹发生和竹叶颜色来判断。在大年，不仅有大量新竹发生，而且老竹竹叶已变黄。新竹之叶尽管为新生，但由于其叶绿素含量低，营养物质含量少，其叶色显示出黄绿色。到了秋天，新老竹的竹叶都进一步老化枯黄，有的则已开始脱落，所以只要远远一望就可以分辩出是否为大年竹林。

新造竹林，在其郁闭成林前，一般并无大小年之分，年年出笋长竹，年年抽鞭长鞭，仅仅出现不明显的差异。在成林以后的生长中，由于竹林在立地条件诸因子的影响下，对营养的合成、积累和消耗的分配发生变化，逐渐引起每年出笋成竹量的不同，从而引起竹鞭生长的相应变化，竹林从量变到质变，由花年竹林过渡为大小年竹林。

2. 花年竹林的生长

年年出笋长竹并且其数量差异不大的竹林，称之为花年竹林，又叫均年竹林。在花年竹林中，一部分竹株发笋长竹，另一部分的竹株则换叶长鞭育笋，如此交替进行，竹林中每年都生竹、换叶、长鞭、孕笋。在我国的竹林中，花年竹林面积比例较小。

（五）混生竹的生长

混生竹兼有散生竹和丛生竹的生长特性，既有横走地下的竹鞭，又有密集簇生的竹丛。

混生竹竹鞭的形态特征和生长习性与散生竹竹鞭基本相同，但节间细长，鞭根减少，横切面圆形，生芽侧无沟槽，鞭上侧芽既可以抽出新鞭，又可以发笋成竹。混生竹属浅根性，竹鞭分布不深，一般都在 20 cm 内的土壤上层，靠鞭梢的引导生长，起伏前进，上下移动的幅度不大，通常不露出地面。在疏松肥沃的土壤中，泥生竹鞭梢 1 年生长量可达 3－4 m。

混生竹秆基的节间较长，竹根较少，弯曲度小，两侧有芽眼 2－6 枚，可以发育而为竹鞭，在土中横向蔓延生长；也可以分化而成竹笋，紧靠母竹，长成新秆，成丛生长。在肥沃土壤、集约经营条件下，生长良好的茶秆竹林、苦竹林中，鞭梢生长和竹秆生长的强大优势使得竹秆秆基的芽眼长期处于休眠状态而失去萌发能力，只靠竹鞭上的侧芽来进行繁殖更新，所以长出的竹秆一般都是稀疏散生，很少密集成丛，表现出与散生竹竹林相同的特点。而在贫瘠的土壤条件下，或经过严重的砍伐破坏后，混生竹的秆基芽眼大多萌发抽笋，长出成丛竹秆，表现出丛生竹的基本特征。

一般混生竹的出笋期略迟于散生竹而早于丛生竹。茶秆竹出笋较早，在广东 3 月上旬即有出土，4 月初结束，持续 1 个月左右。苦竹 5 月出笋，持续时期较短，20 d 左右基本结束。其他生长在高海拔地方的竹子，如巴山木竹属的竹种则出笋期较晚。竹笋出土后，一部分因养分不足、气候影响或病虫危害而败退死亡，另一部分 1 个月左右完成高生长。

二 丛生竹的生长

丛生竹地下茎合轴型，没有真鞭，新秆是由秆基上的芽眼萌发生长发育而成，故地上部分常密集成丛，被称为丛生竹，如刺竹属、牡竹属、绿竹属等。有些竹种如箭竹属、玉山竹属竹种的秆柄较长（节上无芽，称为假鞭），地上部分散生，称为合轴散生竹。

（一）地下茎的生长

丛生竹的地下茎俗称根兜，没有长距离横走的竹鞭，由丛生的秆柄和秆基组成，节间短缩，生有竹根，没有鞭根。秆柄细小无根，是母竹和子竹的联系部分，俗称“龙眼鸡头”。丛生竹的秆柄一般较长，节数较多，部分竹种如箭竹属、玉山竹属的秆柄可达 1 m 左右。秆基又叫分蘖体，肥大多根，沿竹秆的分枝方向每节着生一芽眼（又叫芽目、笋日或人型芽），交互排列，近似对生。最基部的一对芽眼称为“头目”，向上依次为“二目”、“三目”……芽眼的数目因竹种不同而有差别，大型丛生竹种如麻竹、龙竹、车筒竹等有 6－10 个芽眼，小型丛生竹如孝顺竹、凤尾竹等只有 2－6 个。新竹的生长是由这些芽眼萌发后进而生长发育形成的。

芽眼的萌发能力与着生的部位有关，秆基中下部的芽眼充实饱满、生活力强，萌发较早、较多，出笋成竹质量较高。着生在秆基上部特别是那些露出地面的芽眼较小，生活力较弱，萌发也较迟、较少。

1、2 年生竹秆的秆基中下部的芽眼生活力最强，出笋成竹率高，其余的芽眼大部分不能萌发，或萌发后因养分不足而萎缩死亡，群众称之为“虚目”。3、4 年生以上秆基的芽眼完全失去萌发能力。早期发笋长出来的新竹，其秆基的芽眼也有当年秋天就萌发出笋的，或早期笋被采割后，余下的芽眼继续萌发出笋，被称为“二水笋”。由于“二水笋”出笋时间较迟，在天气变寒之前尚未能木质化，难以越冬，所以在笋用丛生竹林中可以通过收获“二水笋”来提高产量。抽过“二水笋”的“早熟”新母竹处于严重的“饥饿”状态，竹兜上留存的芽眼多数变“虚”，次年不再萌发。

秆基的芽眼一般在春末夏初开始萌发，先在土中或紧贴地面做不同距离的横向生长，形成秆柄，然后梢头弯曲向上，膨胀变大长成竹笋，出土生长。孝顺竹等地下横走的距离短，长出的竹秆非常密集；青皮竹、粉单竹、撑篙竹等地下横走的距离较长，竹秆丛生不很密集；箭竹、玉山竹、梨竹的秆柄在土壤中横走长达 1 m 左右，长出的竹秆稀疏散生。

丛生竹从芽眼萌发到发育成竹笋、竹秆的过程，也是通过芽的顶端分生组织分裂分化形成节和居间分生组织，再由各节居间分生组织的细胞分裂分化、伸长长大和老化成熟等几个阶段完成节间生长，生长发育过程与散生竹类似。

(二)竹笋出土生长

从生竹的芽眼萌发出笋的时间较长,一般需要3—4个月时间出笋才结束,在我国南方气候温暖的地方,笋期更长一些。不同竹种的出笋时间略有差异,如麻竹在5月上旬即有少量竹笋出土,直至11月仍有陆续出笋,有的麻竹笋在土壤中越冬后来年春季继续生长出土;硬头黄竹、撑篙竹等竹种常自5月下旬开始出笋;孝顺竹等竹种一般到7月才开始出笋。多数丛生竹种的笋期在6月前后,降水、温度等天气条件会对笋期有一定的影响。

整个笋期中竹笋的萌发呈正态分布,初期、后期的出笋量少,中期出笋量大。一般初期和中期出土的竹笋多为秆基中下部的芽眼萌发而成,生长旺盛,退笋率低,成竹质量好;而后期笋多为秆基上部芽眼萌发,笋体小,营养不足,容易退笋或成竹质量差。如撑篙竹出笋初期约半个月时间,出笋数量占出笋总数的15%左右;出笋盛期约1个月,出笋数量约占出笋总数的70%;出笋末期约20 d,出笋数量约占出笋总数的15%。

(三)竹笋—幼竹的秆形生长

从生竹的竹笋出土后靠居间分生组织的分裂和扩大而迅速长高,完成高生长一般需要3—4个月。其竹笋—幼竹的生长过程与散生竹类似,有着共同的规律,也可以划分为初期、盛期和末期。初期高生长极为缓慢,每天生长量只有几个毫米,最大不超过2 cm,如青皮竹完成初期高生长约需要15—30 d、撑篙竹约需要10—20 d、粉单竹约需要20 d左右。盛期的高生长逐渐加快,一般1昼夜的生长量在10 cm以上,如青皮竹可达25 cm、粉单竹可达40 cm以上、撑篙竹可达30 cm。末期高生长速度又变缓慢,历时较长,最后逐渐停止。完成高生长所需要的时间,撑篙竹约需90—115 d,青皮竹约需85—100 d,粉单竹约需85 d左右。

在竹笋—幼竹的生长过程中,居间分生组织分裂生长活动关系着日后形成的竹秆秆形。一般节间伸长均等对称,则竹秆圆满通直,如青皮竹、粉单竹、绿竹、慈竹等;一些竹种如青竿竹、木竹、车筒竹等,其有芽侧的伸长量大于无芽侧,节间两侧等长,节环交互歪斜,竹秆呈"之"字形。

(四)竹笋—幼竹的枝叶生长

一般丛生竹的竹秆除了基部几节外都有侧芽,受竹笋—幼竹生长的顶端优势影响,侧芽处于休眠状态,故在高生长停止前较少抽枝展叶,当年新生的幼竹基本上是光秃的,只有少数出土较早的新竹当年即可抽枝展叶,多数新竹当年不展枝叶或仅梢部有个别枝叶展出,待来年春季才能抽枝展叶。新叶从幼竹梢端开始,由上而下,先抽枝,后放叶,到了立夏—小满时期,才基部结束,成为能够独立生活的竹株。从大型芽萌发到完成新竹枝叶展放的全部过程,约需10—12个月。同时,林内老竹也脱掉老叶,新叶长出,完成叶片更新。

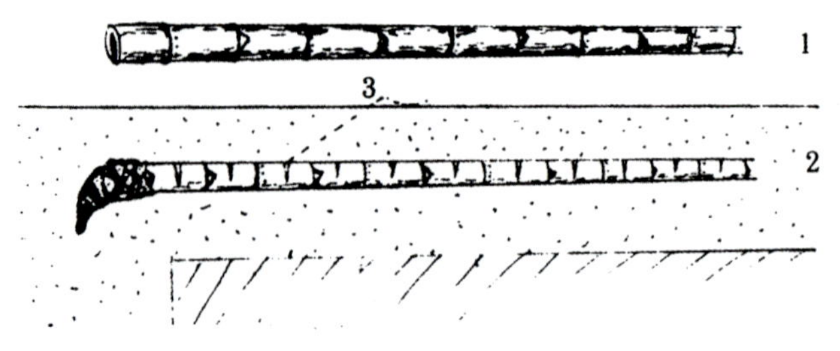

◎ 丛生竹原条埋秆育苗
1. 去兜原条 2. 带兜原条 3. 切口

竹秆的节上着生着侧芽,侧芽萌发后形成枝条。多数丛生竹种的枝条中有1—3条较其他枝条粗壮,称为主枝;其他细小的枝条称为侧枝。有的丛生竹种其枝条粗细均匀簇生,无主枝和侧枝之分。竹子在正常生长情况下，竹秆上部的侧芽均可萌发，竹秆中部的侧芽偶有萌发，竹秆基部的侧芽常不萌发或仅个别竹种可以萌发形成枝条。竹秆中部和下部的侧芽可以保存多年不萌发，但若将竹秆去梢除掉顶端优势后，中、下部的侧芽容易萌发，生产上的埋秆育苗就是利用侧芽的这种特性。

（五）影响竹笋—幼竹生长的因素

如同散生竹竹笋的生长特点一样，丛生竹竹笋的生长随温度、相对湿度和降雨的增加而增加、下降而下降，特别是相对湿度和降雨对其影响尤为显著。丛生竹夏、秋出笋，晴天日间高温干燥，加强了竹子的蒸腾作用和林地蒸发作用，减少了竹笋—幼竹的高生长。到夜里，温度下降，湿度相应增加，竹笋—幼竹的夜间生长量常常大于其白天的生长量。根据四川灌县林业学校记录，甜慈竹和苦慈竹的夜间生长量比白天生长量分别大40%和22%以上。在持续降雨后，即使温度有所降低，竹笋—幼竹的白天生长和夜间生长大体上还是一样。

丛生竹不像散生竹那样有强大的鞭根系统，而是竹秆稠密丛生，竹根重叠集中，这对于营养物质的吸收、合成和贮存都有一定的限制作用。其从芽眼萌发到幼竹长成所消耗的养分，主要依靠连生母竹来供给，发笋愈多，供给愈难满足。1株母竹可以抽发五六支竹笋，但只有一二支笋有成竹希望，其余的都因营养不足而萎缩死亡。1株有2支笋以上的撑篙竹，仅有1笋成竹。撑篙竹和粉单竹的退笋率大于青皮竹。由此可见，丛生竹竹笋败退和竹笋—幼竹生长缓慢的主要原因不是由于气候土壤的影响，而是由于养分来源的不充裕。

（六）成竹生长

与散生竹相似，丛生竹新竹形成后，也存在一个逐渐成熟、衰老的过程。1年生新竹完成高生长后，其高度、粗度和体积不再发生明显变化，体内含水量高，组织幼嫩，枝叶根系也没有充分发展起来，是为幼竹。随着年龄的增长，同化器官和吸收系统逐渐完善，生理代谢活动逐渐加强，有机营养物质逐渐积累，体内含水量降低，同时竹秆组织相应地老化充实，干重增大，材质良好，处于壮龄竹阶段。2年生竹秆的发笋能力最强，3年生次之，4年生基本上不再发笋。5年生以上的竹秆，叶量逐渐减少，根系渐渐稀疏，生理活动衰退，材质下降，逐渐进入老龄阶段，如不及时砍除，则会出现枯竹站秆。丛生竹竹丛发笋成竹的数量和质量，在很大程度上取决于幼、壮龄竹的比例，比例越大，发笋量愈强，成竹率愈高。生产上笋用丛生竹林母竹的留养以2—3年生为主。

丛生竹秆基的大型芽萌发后，总是与母竹成一定的角度（通常为40°—70°）从两侧向前生长，再弯曲出土，长成新竹，所以幼龄竹都在竹丛周围的边缘，而壮龄竹和老龄竹则在竹丛内部，成为离心辐射状分布。加上子竹的秆柄总是高于母竹的秆基，新竹位置逐年抬升，根兜重叠成堆，芽眼露出地面，因而影响新竹丛的发展。在竹林培育上，砍伐老龄竹，挖除老竹兜，适当施肥培土，尽量留养幼、壮龄竹，是保证竹丛旺盛生长的根本措施。

三 高山竹种的生长

高山竹种的称谓不是分类学上的一个单位，是指那些分布和生长在我国西部和西南部高海拔地区的竹子类群，如秦岭山地、四川、贵州西部、云南北部等，总面积在 100 万 hm^2 以上。高山竹林一般分布在高寒山区的原始林冠下，产区温度低，湿度大，人为活动稀少。竹子多为灌木状，秆茎较小，通常处于自生自繁自然更新的天然林状态。有巴山木竹属、箭竹属、玉山竹属、筇竹属、筱竹属、方竹属等属的竹种约 150 种，是野生大熊猫主要的采食对象。自然条件下，大熊猫食用的高山竹种主要是冷箭竹(*Bashania fangiana*)、缺苞箭竹(*Fargesia denudata*)、糙花箭竹(*F. scabrida*)、拐棍竹(*F. robusta*)、青川箭竹(*F. rufa*)、华西箭竹(*F. nitida*)等 30 多种在大熊猫栖息地带天然分布的竹子。

高山竹种由于分布在高山地区，交通不便，经济价值有待发掘，因此相关的研究较少。秦自生等对四川卧龙自然保护区的大熊猫的最重要主食竹种——冷箭竹和拐棍竹作过细致的研究，掌握了部分高山竹种的生长发育特性。

(一) 冷箭竹的生长发育

冷箭竹为巴山木竹属竹种，地下茎复轴混生，兼有散生竹和丛生竹的生长特性，既有地下横走的竹鞭，鞭芽可以发笋成竹或长成新鞭，竹秆秆基上肥大的侧芽也可以发笋成竹或发育成新鞭。冷箭竹自然生长于亚高山地区寒冷的气候条件下，植株矮小，一般高约 2 m，直径 2－8 mm。冷箭竹在一年中的生长节律基本为：1－3 月，气温降至 0℃以下，生长基本停止；4－7 月，竹笋出土，新竹发育；8－12 月，竹鞭生长活动旺盛，孕育雏笋，同时新竹的居间分生组织快速分裂，完成高度生长。来年雏笋发育出土，新竹发枝展叶，形成幼竹。周而复始。

1. 冷箭竹地下竹鞭的生长发育

冷箭竹地下茎细长，一般粗 2－4 mm，节间长 2－4 cm，横切面呈圆形，出芽的一侧无沟槽。竹鞭的节上有芽，可以生根。鞭梢开始生长时，鞭芽或者秆基的侧芽萌发，顶端分生组织经过细胞分裂形成新细胞，并逐步分化形成鞭节、芽、鞭箨、鞭根原始体和居间分生组织等形成新的鞭梢，居间分生组织继续分裂分化，增长竹鞭的节间长度和粗度。鞭梢萌发后，先形成短缩细小、无芽、无根，外被鞭箨的鞭柄。鞭柄长约 1 cm，5－7 节，节间短而密，是子鞭和母鞭、秆基和子鞭分岔的连接部分。鞭梢的顶端分生组织不断产生新的鞭节，鞭梢下部各节的居间分生组织逐渐老化，停止分裂、分化和伸长，鞭箨形成离层脱落。根原始体分化而形成根眼，长出鞭根，并从鞭根基部分生支根，呈放射状分布，形成鞭身。鞭身约 16 节，节间长约 2－4 cm，粗约 2－4 mm，每节生根 1－4 枚和 1 芽。鞭芽萌发即可以形成新鞭，也可以抽笋长竹，是为散生竹；同时，冷箭竹秆基的两侧有芽眼 2－4 枚，芽眼萌发后可发育成新鞭，也可以分化成竹笋，紧靠母竹，长成新竹，成丛生长，是为丛生竹。鞭梢部分 6 节左右，是竹鞭作延长生长的先端。鞭梢的生长受环境条件的影响很大，在疏松肥沃的土壤中，水、养分充足、通气条件适宜，鞭梢生长快，反之生长慢、细小且容易退梢。鞭梢一般分布于土壤表层10 cm的土层内，4—12月气温达0℃以上、土壤湿度80%—90%，则适宜于鞭梢的生长。通常情况下，鞭梢生长活动最旺盛的时间为8—12月。

冷箭竹地下竹鞭的年龄不易明显划分，新生竹鞭白色，组织幼嫩，养分和水分含量高，顶端6—10节包被白色幼嫩的鞭箨，后10—16节包被淡褐色革质鞭箨，不抽鞭，不生根，也不发笋。1年以后，鞭箨脱落腐烂，颜色变深，由白色变为淡褐色，鞭体组织逐渐成熟。3—6年生的竹鞭，侧芽发育逐渐完全，鞭根多而生长旺盛，吸收养分充足，顶芽和部分侧芽发育成新鞭，竹鞭网络和根系完善，是为壮龄竹鞭。随着鞭龄的继续增加，鞭色由褐色变为黑褐色，鞭体的养分和水分含量下降，侧芽在长期休眠之后，失去萌发能力，开始衰退死亡；鞭根梢端断脱，侧根和细根死亡，脱离稀疏在。7—10年生的竹鞭进入老龄时期，以后逐渐枯断腐烂。

冷箭竹竹鞭以单轴型与合轴型的方式交替生长，竹鞭上每隔20节左右(约50 cm)即形成一个发育良好的丛生竹。丛生竹秆基的第5、6节上生有肥大的侧芽，可以发笋成竹，经约5—10年，秆基上的侧芽可以发育成新鞭延伸生长。新鞭是竹无性繁殖和蔓延生长的主要器官，老鞭发笋能力基本丧失。新鞭在形成后，经历幼鞭—壮龄—衰老的过程，约可存活10年，然后逐渐枯死腐烂。通常情况下，新鞭分布于土壤表层，老鞭分布于土壤深层。随着时间的增长，地上枯枝枯叶增厚，新鞭、老鞭、枯死鞭呈阶梯式一层覆盖一层地生长，层间距约5—8 cm。据调查，冷箭竹单轴型的1—2年生幼鞭的发笋率为21.42%，3—5年生壮鞭的发笋率为78.58%；合轴型的1—2年生幼秆秆基的发笋量为77.33%，3—6年生壮龄竹秆的秆基发笋量为22.67%。因此，单轴型的壮龄竹鞭和合轴型的幼龄竹秆是繁殖的主体。

2. 冷箭竹竹笋的生长发育

冷箭竹的雏笋于秋季形成。此时，竹鞭及秆基上的芽萌发形成笋芽，笋芽顶端分生组织经过细胞分裂增殖，进一步分化成节、节间、笋箨、侧芽和居间分生组织，并逐渐膨大，与竹鞭呈25°—45°的角度向外伸长，同时笋尖弯曲向上，形成雏笋。笋高5 cm以下，基径约0.4 cm，外观3节，被3枚笋箨。翌年1—3月，由于气温低，雏笋处于休眠状态。到4月，气温回升，雏笋继续生长，破土而出。新笋浅褐色，光滑无毛，被紫色斑点。冷箭竹竹笋出土可持续一段时间。根据出笋的数量和质量，将笋期划分为初期、盛期和末期，初期约20 d，出笋数量约占30%左右，数量小，营养充分，成活率高；发笋盛期在6—7月，约50 d，出笋数量约占50%，同时退笋率较高，且容易受昆虫、动物取食等危害，有60%的竹笋可以存活；末期约20 d，出笋数量约占20%左右，养分不足，笋体弱小，退笋率高，即便成竹，质量也较差。4—7月出笋比较集中，出笋量占全年的90%以上；8—9月偶有个别笋出土，约占5%。

冷箭竹地下茎复轴混生，单轴型竹鞭的幼鞭发笋率为21.42%，壮鞭发笋率为78.58%；合轴型竹鞭的幼鞭发笋率为77.33%，壮鞭发笋率为22.67%。因此，单轴型的壮鞭和合轴型的幼鞭生长发育强壮，发笋力强，竹笋生长旺盛。

3. 冷箭竹竹笋—竹秆的生长

冷箭竹竹笋在出土前经细胞分化已经形成节、节间、笋箨、侧芽、居间分生组织等，因此全笋的节数和笋箨数已定，出土后不再增加新节。竹笋生长从基部开始，先是笋箨生长，继而是居间分生组织从下到上逐节分裂伸长。竹笋长出后，大约3—4个月后完成高生长和地径生长，需时70 d左右，但晚期出笋到完成高生长的时间要短一些。

冷箭竹幼竹到竹笋的生长，根据其生长速度，也可以分成初期、盛期和末期三个阶段。初期生长缓慢，盛期生长快速，末期生长又变缓慢。初期从笋尖露头开始，笋体仍在土中，横向增粗生长明显，地面节间生长缓慢，前25 d内日平均增长1.03 cm；盛期横向生长停止，是竹笋增高生长旺盛的时期，节间居间分生组织细胞分裂和生长很

快，节间增长呈直线上升，在 30 d 内日平均增长 2.06 cm；末期笋高生长速度则显著下降，后 20 d 内日平均增长 0.75 cm，以后笋秆逐渐停止长高，秆壁逐渐加厚、加固生长，形成新竹。

冷箭竹每年竹笋的成活率为 79.42%，死亡率为 20.58%。竹笋死亡主要是昆虫和病菌引起的：昆虫危害致死占 12.12%；病菌致死占 5%；啮齿类动物觅食占 0.38%；其他因营养不良枯死等占 3.08%。

冷箭竹从出笋到成竹需要 2 年时间，5 月出笋的竹子在当年只生长茎秆和茎秆顶端 2—3 片叶，第二年春夏才抽枝成长为新竹，或偶有上半年早期发笋的竹子当年即可分枝。当年生新笋到来年春季，茎秆中上部 3—5 节先发枝展叶，每节着生 1—3 枝条，每枝 1—3 叶，至 12 月约有 10 节左右枝叶展出，叶片繁茂。冬季来临，多数新竹的梢头受不良气候等影响折断或枯死，因此此后的年份不再有明显的株高生长。从新竹节上生长出的枝条称为一级分枝，从一级分枝上分生出的枝条称为二级分枝，依次可有七级分枝。每小枝着生 2—4 枚叶片，至 3—6 年生的竹子，其枝叶最为繁茂，同时茎秆生活力最强。7 年生以后的竹叶数量逐渐减少，8—10 年生以后，枝枯、叶落，竹秆枯死。

冷箭竹 1 年生和 2 年生新竹不换叶，3 年生以后的竹子冬季换叶，随秆龄增长换叶数增高。据调查，3 年生竹换叶 2.3%；4 年生竹换叶 39.51%；5 年生竹换叶 20.75%；6 年生竹换叶 73.44%；7 年生竹换叶 34.69%。

新竹形成后，随年龄增加也存在着由幼龄—壮龄—老龄的生理过程。1—2 年生为幼龄竹，3—6 年生为壮龄竹，7—10 年生为老龄竹，10 年后逐渐枯死。竹秆和地下竹鞭呈现相同的规律。

（二）拐棍竹的生长发育

拐棍竹为箭竹属竹种，地下茎合轴型，秆柄在地下延长生长成为假鞭，形成合轴散生竹。拐棍竹的假鞭与冷箭竹的真鞭不同，假鞭是秆柄部分的延伸，其节间短缩，节上无根、无芽，只有鞭箨。拐棍竹生长于中山地区较温暖湿润的气候条件下，高 3—5 m，直径 1—2.5 cm。

1. 拐棍竹地下茎的生长发育

拐棍竹地下茎的入土深度大于冷箭竹，一般分布在地下 5—40 cm 的范围内。拐棍竹秆基的 5—6 节上每节生有 1 枚笋芽和 7—10 枚根眼。当外界的温度、湿度等条件适宜，幼竹和壮龄竹株秆基的 1—2 枚侧芽首先萌发形成假鞭。即先形成横向延伸生长的秆柄，秆柄基部直径约 0.7—1.5 cm，外端直径约 1.5—2.2 cm。秆柄具 18—22 节，每节长 0.5—0.9 cm，总长 9—20 cm。节上具有淡褐色的革质鞭箨，箨长 1—3 cm，宽 1.5—3.5 cm。假鞭埋在土壤中，节上无根、无芽，外被鞭箨。假鞭先端的分生组织经过细胞分裂，分化形成节、节间、笋芽、侧芽等组织，并逐渐膨大，至初冬形成雏笋，藏于地下。

拐棍竹竹鞭的生长与季节有关。拐棍竹 4 月中旬出笋，当竹笋生长到 30—50 cm 高时，其秆基的侧芽便开始萌发，首先形成假鞭；到 8 月竹笋长成幼竹，枝叶繁茂，光合作用加强，营养物质增多，此时假鞭生长加快，一般长 10—15 cm；到 12 月底，假鞭可长到 20 cm 左右，顶端芽细胞分裂和分化，孕育幼笋；翌年 1—3 月，气温下降到 0℃以下，根和假鞭生长缓慢；到 4 月气温回升，雏笋出土生长。

拐棍竹 1—7 年生秆基的芽眼均有萌发形成假鞭继而发育成笋的能力，8 年生以上的秆基进入老龄阶段，生活力衰弱，尚未萌发的潜伏芽逐渐失去萌发能力而死亡。拐棍竹的新生假鞭呈淡黄褐色，组织幼嫩，密被革质光滑的鞭箨。1—3 年生的假鞭的鞭箨呈淡褐色，成笋力最强，为幼龄时期。4—7 年生假鞭的鞭箨呈深褐色，成笋力减弱，为壮龄时期。随着鞭龄的增加，8 年生以上的假鞭鞭箨逐渐脱落腐烂，形成老鞭，鞭根梢断脱落，侧根和细根脱落稀疏，根的吸收作用下降，为老龄时期，失去成笋能力。据对拐棍竹 1－12 年生假鞭上的成活植株调查，其中 1－2 年生假鞭上成竹 13 株，占 56.62%；3－4 年生假鞭上成竹 6 株，占 26.09%；5－6 年生假鞭上成竹 2 株，占 8.69%；7－8 年生、9－12 年生假鞭上各成活 1 株，均占 4.34%，即幼龄和壮龄的假鞭上的竹株成竹率较高，而老龄假鞭上仅有个别竹种成活保存。不同年龄假鞭的出笋数和退笋数也是 1－4 年生大于 5－12 年生。拐棍竹的竹鞭一般可存活 10－12 年，然后逐渐枯死，但并不腐烂，仍保留在鞭体上，形成盘根错节的地下鞭身，因此可以利用拐棍竹整体的根鞭来推算个体生长发育的年龄。

竹子为多年生植物，从个体生长发育看，由种子萌发为幼苗算起，最初生长的竹秆年龄最小，越晚生长的竹秆年龄越大，即刚出土的竹笋，其年龄最大。由于竹子的地下茎每年都要发出新笋更替老竹，随时间推移，老竹逐渐死亡后又被新竹代替，因此，很难判断竹种个体的实际年龄。为便于记载，一般是从各竹种的无性系繁殖的竹秆和地下茎等器官、组织发育成熟度即生理活动的规律来推断竹秆和竹鞭的相对年龄。例如，拐棍竹从竹笋到 3 年生竹秆和竹鞭各器官、组织的细胞分裂、分化能力旺盛，发笋力高，称为幼龄期；4－7 年生竹秆和竹鞭器官，组织发育成熟，细胞分裂、分化能力减弱，发笋率低，竹材质量好，称为壮龄期；8－12 年生的竹秆和竹鞭等器官，组织逐渐老化，生理活动功能减弱，失去发笋能力，枝、叶逐渐枯萎，称老龄期。但是，从种子繁殖的个体发育来说，竹秆和竹鞭的实际年龄和它的相对年龄恰好相反，是老龄竹的实际年龄小，幼龄竹的实际年龄大。

2. 拐棍竹竹笋的生长发育

拐棍竹秆基的 1－6 节上孕育着 4－5 个肥大笋芽，受环境条件和养分的制约，一般只有 1－2 个笋芽可以发育出笋，其他芽称为潜伏芽。笋芽萌发后，在基部形成延长的秆柄，笋芽先端则发育成节、节间、笋箨、侧芽、居间分生组织等，并逐渐膨大，笋尖弯曲向上，至初冬形成雏笋。来年春季，温度和水分适宜时，雏笋在土壤中由明显的横向增粗生长，至出土后节间生长，竹笋增高，但直径基本上不再增加，保持地下雏笋形成后的直径，直至完成高生长。同时，幼龄和壮龄秆基上未发育的潜伏芽，在适宜的温度、水分、营养等条件下，也会萌发出笋，但一般只有 2－3 个芽会发育，其他芽经过长时间潜伏而枯萎。出土后，竹笋笋壳淡黄褐色，被棕色硬毛。

拐棍竹一般于 4 月中旬开始发笋，笋期可持续 80 d，按照竹笋出土的数量和质量，可分为初期、盛期和末期 3 个阶段。初期 20 d，发笋占全年的 10.36%。盛期 41 d，出土的竹笋最多，约占全年的 86.27%。盛期笋个体健壮，自然退笋率低，但容易受到病虫害和大熊猫、竹鼠危害。末期 20 d，发笋占全年的 3.37%。末期笋由于养分不足，笋体弱小，一般不易成活。拐棍竹竹笋的成活率为 60.33%，死亡率为 39.67%。竹笋死亡主要是病虫危害、动物取食，及其其他原因如营养不足等造成的。

适宜拐棍竹孕笋的外界条件为：气温 10－16℃，地温 5－12℃，土壤湿度 80%－90%。同时，孕笋能力与母竹的年龄密切相关。竹林的萌笋数与 2 年生母竹的数量显著相关，即 2 年生竹秆的秆基萌笋能力大于 1 年生、3 年生、4 年生母竹。统计发现，1 年生竹的秆基只能萌发 1－2 个笋芽形成幼竹，2 年生竹的秆基节上的潜伏芽也可能萌发 1－2 个笋芽形成幼竹，而 3、4 年生竹秆基的潜伏芽则基本丧失萌发能力。

3. 拐棍竹竹笋—竹秆的生长

3 月，土壤解冻，雪还未完全融化，刨开地表的枯枝落叶和表土，就可以观察到拐棍竹的雏笋。雏笋在出土前全笋的节数和笋箨数已定，出土后不再增加新节。拐棍竹全秆的节数一般为 25－30 节。4 月，当外界的温度、湿度适宜时，竹笋开始从基部节间伸长，竹笋伸出地面向上生长。竹笋从出土至完成高生长一般需要 70－80 天，但末期出土的笋完成高生长需要的时间较短一些。根据竹笋到幼竹的生长速度，同样可分为初期、盛期和末期3个阶段。生长过程也呈现初期生长缓慢，盛期生长快速，末期生长又变缓慢的S形曲线。初期从笋尖露头开始，笋体在土中横向增粗生长明显，地面节间长度生长缓慢，前25 d内日平均增长1.59 cm；盛期横向生长停止，此后不再增粗，此时是竹笋增高生长旺盛的时期，节间居间分生组织细胞分裂和生长很快，节间增长呈直线上升，在30 d内日平均增长7.74 cm，到生长高峰期，一昼夜可长高15－20 cm；末期笋高生长速度则显著下降，后25 d内日平均增长0.90 cm，以后笋秆逐渐停止长高，体内含水量减少，秆壁逐渐加厚、加固生长，形成新竹。

拐棍竹于4月上旬开始出笋，先后经历初期、盛期、末期3个阶段，至6月底出笋结束。当年生幼竹在7月下旬即可完成高生长，新秆中部节上的芽开始萌发形成幼枝。枝条萌发从竹秆中下部的节上开始，每节萌发3－12枝枝条，每枝顶端生长2－3枚叶片。当年生和2年生的竹秆不换叶，2年生以上竹在秋、冬季小枝顶端下部1－2叶逐步脱落，次年春季小枝顶端陆续抽叶1－2枚，叶片的寿命约1－2年。当年生新竹一般下部7节不发枝，从第8节至梢部倒数第4节均有发枝；次年春季，顶梢的各节开始发枝展叶；第3年以后，竹秆基部的5－7节也有发枝展叶生长。因此，拐棍竹发枝展叶的顺序是竹秆中下部开始，然后是竹秆上部，最后是竹秆下部，基部的1－4节一般不发枝。发生在各节上的枝条，称为一级分枝，在一级分枝上产生的分枝称为二级分枝，依此类推。1年生竹多数具有二级分枝，2年生竹多数具有三级分枝，3年生竹出现四级分枝。具有四级分枝的植株从外观上看枝叶繁茂，处于壮龄阶段。

当年生新竹形成后，秆形生长结束，竹秆的高度、粗度和体积不再有明显的变化，此时竹秆组织幼嫩，含水量高，干物质少。接下来的年份其根系和枝叶进一步生长发育，体内干物质逐渐积累。根据其生理活动变化，可将竹秆划分为3个阶段，即幼龄竹阶段、壮龄竹阶段和老龄竹阶段。这3个阶段竹秆分别处于材质的增进期、稳定期和下降期。1－3年生竹秆为幼龄期，茎秆粗壮、油绿色，具一、二、三级分枝，竹叶鲜绿，是抽鞭、生根、发笋的最盛时期；4－7年生的茎秆材质坚硬、黄绿色，枝叶繁茂，有三至五级分枝，机体功能旺盛、营养物质含量丰富，光合作用强，干重最大，为壮龄期阶段；8－12年生的茎秆老化呈黄色，竹叶开始脱落，根系变疏，生理机能逐渐衰退而死亡，为老龄期阶段。1－2年竹的茎秆在高度、粗度、竹节总数等方面达最高峰。多年生竹的茎秆高度、直径、总节数都随时间的增加略有下降，这是由于受冬季风雪、病虫危害等外界条件的影响造成的，也可能与茎秆衰老、生理机能衰退等因素有关。一般壮龄竹阶段有80%－90%的断尖，老年竹几乎100%断尖。

四 竹子的营养成分

喜食竹子是大熊猫特殊而典型的习性。野生大熊猫的食物组成中竹子约占99%，其他食物如草类、树皮、菌类等约占1%。据调查，野生大熊猫较常食用的竹种有冷箭竹、拐棍竹、龙头竹（*F. dracocephala*）、缺苞箭竹、糙花箭竹、青川箭竹、团竹（*F. oblique*）、华西箭竹、峨眉玉山竹（*Y. brevipaniculata*）等，以高山竹种为主。野生大熊猫依据所处的地理位置、海拔、生态条件、竹种分布等方面的不同条件，取食竹种随之改变，如岷山山系中，大熊猫以缺苞箭竹、糙花箭竹、青川箭竹、巴山木竹等竹种为食；在邛崃山脉，以拐棍竹、冷箭竹、华西箭竹等为食；凉山山脉的大熊猫则以方竹、筇竹等为食。当生境大面积连续时，大熊猫居群会在不同的季节迁徙至不同的竹林中寻找更喜欢的竹子采食。圈养条件下，大熊猫取食竹种的范围非常广泛，几乎所有的竹种大熊猫都可取食，除了上面介绍的竹种之外，刘颖颖和何东阳的研究均发现大熊猫对 90 多个竹种有取食性，这些竹种以散生竹为主，包含部分丛生竹，包括酸竹属、业平竹属、倭竹属、簕竹属的部分竹种在内。

大熊猫取食的竹子部位包括竹叶、枝条和竹秆、竹笋等。竹子含有粗蛋白、粗脂肪、可溶性糖类、纤维素等有机营养成分以及钙、铁、镁、锌、铜、锰、硒等矿质元素，同时含有多种维生素，可以为大熊猫的生长、发育和繁殖提供营养。竹子的营养成分随竹种、部位、年龄、季节、海拔等因素而有变化。

（一）不同竹种的营养成分组成

1．不同竹种的粗蛋白等有机营养成分含量

竹子含有的有机营养成分主要是粗蛋白、粗脂肪、粗纤维、糖类等。粗蛋白包含蛋白质、氨基糖、酰胺等，是最基本的营养物质，也是衡量食物营养价值的最重要因素。粗蛋白在生物的生长、发育、繁殖中起着重要作用，它是构建机体组织细胞的主要原料，如血细胞、血红蛋白；是机体内功能物质的主要成分，如酶、抗体等。缺乏蛋白质，会影响动物消化机能，使动物生长缓慢，组织器官的结构、功能异常，生理活动出现紊乱，甚至导致死亡。脂肪是重要的代谢物质之一，是供能的物质基础和必需脂肪酸的来源，可以促进脂溶性维生素的吸收、增加饱腹感、保护机体。脂肪摄入不足会导致身体消瘦、繁殖障碍等。可溶性糖类最容易被动物吸收利用，主要由果糖、葡萄糖和蔗糖等组成。纤维是由许多葡萄糖缩聚而成的多糖，不容易被动物直接消化利用，但对肠黏膜有刺激作用，可促进小肠蠕动和排便，防止中毒。粗纤维吸水能力强，可以软化粪便、促进排便，减轻泌尿系统压力等。膳食纤维可以抑制机体对胆固醇的吸收，改变消化系统的菌群。缺乏粗纤维会影响动物的胃肠和排泄，不利于粪便的排放。

不同竹种竹笋中的有机营养成分如表 2–8 所示。粗蛋白含量较高的竹笋有水竹、毛竹冬笋、方竹、白哺鸡竹、刚竹、流苏香竹、金佛山方竹等；刚竹、甜竹、淡竹、水竹、石竹竹笋的粗脂肪含量较高；可溶性糖含量较高的竹笋有尖头青竹、毛竹冬笋、高节竹、巨竹等；毛竹鞭笋中的粗纤维含量最高，其次是版纳甜龙竹（*Dendrocalamus hamiltonii*）、巨竹、桂竹等。

表 2–8　不同竹种笋中的有机营养成分（占鲜重%）

竹　种	水分	粗蛋白	粗脂肪	总糖	可溶性糖	粗纤维	灰分
毛竹冬笋（winter）	84.09	3.61	0.49	5.86	2.88	1.03	0.79
毛竹春笋（spring）	91.24	2.47	0.39	4.03	1.52	0.89	0.82
毛竹鞭笋（summer）	90.60	2.18	0.26	1.29	0.73	2.17	0.76
早竹 *P. violascens*	91.12	2.55	0.41	3.12	1.09	0.77	0.84
乌哺鸡竹 *P. vivax*	90.92	2.78	0.39	2.85	1.62	0.82	0.81
红竹 *P. iridescens*	90.80	2.85	0.46	2.76	1.66	0.84	0.90
白哺鸡竹 *P. dulcis*	90.97	3.44	0.39	2.33	1.19	0.68	0.94
淡竹 *P. glauca*	91.04	2.81	0.68	2.69	1.74	0.71	0.94

续表

竹　　种	水分	粗蛋白	粗脂肪	总糖	可溶性糖	粗纤维	灰分
石竹 *P. nuda*	89.72	2.79	0.60	3.51	1.58	1.00	0.99
刚竹 *P. sulphurea* var. *viridis*	90.65	3.23	0.94	2.38	1.81	0.81	1.02
水竹 *P. heteroclada*	90.64	4.00	0.62	1.32	0.36	0.71	1.21
高节竹 *P. prominens*	91.55	2.76	0.39	3.59	2.06	0.55	0.79
尖头青竹 *P. acuta*	91.00	2.31	0.53	4.27	2.95	0.70	0.76
甜竹 *P. flexuosa*	89.43	2.97	0.76	2.38	1.50	1.09	1.03
桂竹 *P. bambusodies*	89.30	2.21	0.41	2.36	1.35	1.32	0.82
芽竹 *P. robustiramea*	90.47	2.45	0.49	2.71	1.55	0.98	0.96
灰水竹 *P. platyglossa*	89.37	2.56	0.46	2.98	1.70	1.10	0.98
金佛山方竹 *Chimonobambusa utilis*	91.99	3.02	0.34	0.89	0.53	0.68	1.05
方竹 *C. quardrangularis*	91.31	3.60	0.33	0.78	0.44	0.61	1.08
麻竹 *Dendrocalamus latiflorus*	91.06	2.13	0.49	2.36	1.53	0.84	0.75
吊丝竹 *D. minor*	91.06	2.18	0.51	2.18	1.44	1.18	0.77
花吊丝竹 *D. minor* var. *amoenus*	90.44	2.17	0.48	2.49	1.42	1.02	0.82
勃氏甜龙竹 *D. brandisii*	93.50	1.95	0.17	0.73	0.45	1.20	0.71
版纳甜龙竹 *D. hamiltonii*	91.60	2.59	0.26	1.07	0.84	1.43	0.98
龙竹 *D. giganteus*	93.08	1.94	0.17	0.88	0.68	0.99	0.77
福贡龙竹 *D. fugongensis*	93.00	1.96	0.24	1.02	0.77	0.96	0.81
野龙竹 *D. semiscandens*	93.32	1.97	0.19	0.69	0.52	0.99	0.89
黄竹 *D. membranaceus*	92.73	2.14	0.16	0.92	0.71	0.94	0.80
绿竹 *Dendroclamopis oldhamii*	90.34	1.90	0.47	2.79	1.62	0.73	0.73
吊丝球竹 *D. beecheyana*	92.22	2.19	0.45	2.66	1.52	1.15	0.68
大头典竹 *D. beecheyana* var. *pubescens*	92.05	1.83	0.38	1.72	1.24	0.41	0.70
硬头黄竹 *Bambusa rigida*	90.00	2.53	0.39	1.82	1.10	1.19	0.93
大木竹 *B. wenchouensis*	91.44	1.59	0.50	2.36	1.11	0.42	0.66
鱼肚腩竹 *B. gibboides*	91.50	2.29	0.46	1.60	1.16	0.43	0.78
茨竹 *B. arundinacea*	93.16	2.14	0.17	0.54	0.47	0.94	0.68
沙罗单竹 *Schizostachyum funghomii*	93.57	1.73	0.21	0.78	0.71	0.90	0.73
屏边思劳竹 *S. pseudolima*	91.93	2.76	0.18	0.40	0.37	0.91	0.96
巨竹 *Gigantochloa levis*	90.71	2.02	0.41	3.29	1.88	1.32	0.74
云南箭竹 *F. yunnanensis*	93.83	1.85	0.18	0.35	0.21	0.99	0.96
流苏香竹 *Chimonocalamus fimbriatus*	91.63	3.09	0.18	0.43	0.33	1.10	1.23

注:表中数据引自江泽慧等,2002;陈玉惠等,1998。

叶片的营养成分中(见表 2-9),红竹、巴山木竹、斑苦竹等竹种的叶片蛋白质含量较高,可达干物质的 16%以上;唐竹、秦岭箭竹、白夹竹的叶片中粗脂肪含量较高,均达 3.7%以上;白夹竹、阔叶箬竹的叶片中粗纤维含量较高,达 46%以上。

表 2-9 不同竹种叶片的有机营养成分(占干物质%)

竹　种	粗蛋白	粗脂肪	粗纤维	粗灰分
阔叶箬竹 *Indocalamus latifolius*	3.15	3.467	46.2	8.383
斑苦竹 *Pleioblastus maculates*	16.57	2.783	44.9	8.667
唐竹 *Sinobambusa tootsik*	14.00	4.733	45.8	9.011
茶秆竹 *Pseudasasa amabilis*	2.57	2.967	45.1	8.183
淡竹 *Phyllostachys glauca*	11.08	3.267	44.3	8.700
早园竹 *P. propinqua*	13.42	3.067	41.8	10.742
毛环水竹 *P. aurita*	12.42	2.233	45.6	8.900
白夹竹 *P. bissetii*	10.03	3.700	46.8	10.783
红竹 *P. iridescens*	18.66	2.933	43.5	10.983
紫竹 *P. nigra*	5.25	1.933	42.7	11.733
金竹 *P. sulphurea*	10.50	2.633	43.7	9.600
巴山木竹 *Bashania fargesii*	18.63	3.000	44.3	6.967
秦岭箭竹 *Fargeisa qinlingensis*	10.50	3.700	42.3	9.550

注:表中数据引自何东阳,2010。

2. 不同竹种的氨基酸组成及含量

竹子中的氮态营养成分主要以氨基酸、酰胺类和蛋白质等形式存在。蛋白质被取食后,首先被分解成各种氨基酸才能被大熊猫吸收利用。分析竹子中的游离氨基酸和水解氨基酸的组成和含量,有利于充分了解不同竹子的营养成分差异,为饲喂大熊猫提供参考。一些氨基酸种类在动物体内不能合成,必须从食物中摄取,被称为必需氨基酸,通常认为必需氨基酸含量高的食物更具营养。

百夹竹(*P. nidularia*)、刺竹(*B. blumeana*)、拐棍竹等 7 种竹子的叶片和竹秆的水解氨基酸组成及含量如表 2-10。由表可知,竹子中谷氨酸和天冬氨酸含量最高,酪氨酸和半胱氨酸含量最低。叶片中,刺竹、白夹竹的氨基酸总量和必需氨基酸总量含量较高,巴山木竹、龙头竹的氨基酸总量和必需氨基酸总量含量较低;龙头竹、秦岭箭竹的必需氨基酸比率较高,分别为 42.42%、42.36%,而冷箭竹、刺竹的必需氨基酸比率较低。竹秆中的氨基酸总量和必需氨基酸总量均显著低于叶片中的含量,但巴山木竹、秦岭箭竹、冷箭竹秆中必需氨基酸比例分别高达 53.94%、49.43%、48.48%。

表 2-10 不同竹种叶片和竹秆中的氨基酸组成(占干物质%)

氨基酸含量	叶							秆						
	白夹竹	刺竹	拐棍竹	冷箭竹	秦岭箭竹	龙头竹	巴山木竹	白夹竹	刺竹	拐棍竹	冷箭竹	秦岭箭竹	龙头竹	巴山木竹
天冬氨酸(Asp)	1.05	1.16	1.11	0.93	0.88	0.67	0.81	0.27	0.36	0.44	0.12	0.32	0.31	0.18
苏氨酸(Thr)*	0.54	0.76	0.54	0.42	0.44	0.31	0.30	0.10	0.14	0.12	0.06	0.08	0.08	0.08

续表

氨基酸含量	叶							秆						
	白夹竹	刺竹	拐棍竹	冷箭竹	秦岭箭竹	龙头竹	巴山木竹	白夹竹	刺竹	拐棍竹	冷箭竹	秦岭箭竹	龙头竹	巴山木竹
丝氨酸(Ser)	0.54	0.73	0.55	0.46	0.36	0.30	0.30	0.11	0.14	0.12	0.06	0.08	0.39	0.07
谷氨酸(Glu)	1.36	1.44	1.32	1.20	1.06	0.82	0.77	0.27	0.31	0.28	0.15	0.14	0.17	0.15
甘氨酸(Gly)	0.66	0.72	0.67	0.51	0.48	0.36	0.34	0.13	0.16	0.15	0.07	0.05	0.06	0.06
丙氨酸(Ala)	0.80	0.88	0.79	0.66	0.55	0.41	0.40	0.18	0.21	0.19	0.11	0.06	0.07	0.07
半胱氨酸(Cys)	0.03	0.09	0.08	0.08	0.11	0.12	0.12	0.05	0.04	0.03	0.00	0.13	0.12	0.12
缬氨酸(Val)*	0.82	0.73	0.69	0.60	0.59	0.48	0.46	0.18	0.20	0.18	0.12	0.19	0.19	0.20
蛋氨酸(Met)*	0.23	0.21	0.20	0.15	0.17	0.16	0.17	0.07	0.05	0.05	0.03	0.14	0.14	0.14
异亮氨酸(Ile)*	0.55	0.49	0.53	0.44	0.41	0.32	0.30	0.11	0.13	0.11	0.07	0.08	0.08	0.08
亮氨酸(Leu)*	1.03	1.09	0.99	0.77	0.71	0.52	0.48	0.18	0.21	0.20	0.10	0.10	0.11	0.11
酪氨酸(Tyr)	0.41	0.42	0.40	0.32	0.17	0.11	0.11	0.06	0.07	0.07	0.00	0.03	0.03	0.03
苯丙氨酸(Phe)*	0.64	0.71	0.64	0.52	0.61	0.47	0.47	0.09	0.13	0.11	0.05	0.21	0.21	0.20
赖氨酸(Lys)*	0.67	0.71	0.65	0.52	0.51	0.37	0.36	0.12	0.14	0.14	0.05	0.07	0.07	0.08
组氨酸(His)	0.24	0.25	0.23	0.19	0.19	0.14	0.13	0.03	0.05	0.05	0.00	0.04	0.03	0.04
精氨酸(Arg)	0.56	0.63	0.56	0.47	0.44	0.30	0.28	0.08	0.11	0.09	0.00	0.04	0.04	0.04
脯氨酸(Pro)	0.61	0.77	0.63	0.58	0.44	0.34	0.31	0.11	0.18	0.11	0.00	—	—	—
氨基酸总量	10.74	11.79	10.58	8.82	8.12	6.2	6.11	2.14	2.63	2.44	0.99	1.76	2.1	1.65
必需氨基酸总量	4.48	4.7	4.24	3.42	3.44	2.63	2.54	0.85	1.00	0.91	0.48	0.87	0.88	0.89
必需氨基酸比重(%)	41.71	39.86	40.08	38.78	42.36	42.42	41.57	39.72	38.02	37.30	48.48	49.43	41.90	53.94

注:*表示必需氨基酸。表中数据引自刘选珍等,2005;刘冰等,2008。

竹笋中，氨基酸总量和必需氨基酸的总量均显著高于叶片和秆，但必需氨基酸的比例则相对较低。毛竹冬笋笋尖部位的氨基酸总量和必需氨基酸总量均大于春笋笋尖的含量，筇竹(*Oiongzhuea tumidnuda*)笋尖的氨基酸总量和必需氨基酸总量大于红竹笋和毛竹冬笋笋尖和春笋笋尖，但红竹笋的必需氨基酸比例较大(见表2–11)。

表2–11　不同竹种竹笋的氨基酸组成(占干物质%)

氨基酸种类	毛竹冬笋笋尖	毛竹春笋笋尖	筇竹笋尖	红竹笋
天冬氨酸(Asp)	4.304	2.62	6.333 8	3.545
丝氨酸(Ser)	2.109	0.88	2.614 7	1.391
谷氨酸(Glu)	3.109	2.62	6.855 6	3.792
甘氨酸(Gly)	0.891	0.913	2.638 3	1.628
组氨酸(His)	0.467	0.304	1.788	0.979
精氨酸(Arg)	1.239	0.967	3.650 6	2.139
苏氨酸(Thr)*	1.174	1.044	2.345 7	1.375
丙氨酸(Ala)	1.783	1.326	3.395	1.98
脯氨酸(Pro)	2.554	1.239	3.360 3	1.614
半胱氨酸(Cys)	0.37	0.402	1.146 4	1.336
酪氨酸(Tyr)	1.913	2.5	1.612 9	2.593
缬氨酸(Val)*	1.467	1.217	2.863 2	2.351
蛋氨酸(Met)*	0.098	1.196	0.607	0.329
赖氨酸(Lys)*	0.913	0.815	3.932 2	1.866
异亮氨酸(Ile)*	0.815	0.783	2.103 5	2.053
亮氨酸(Leu)*	1.435	1.174	3.583 7	2.306
苯丙氨酸(Phe)*	1.021 7	0.760 9	1.833 7	1.504
氨基酸总量	25.663	21.206 5	50.664 6	32.781
必需氨基酸总量	7.391 3	6.206 5	17.269 1	11.784
必需氨基酸比重(%)	28.8	29.3	34.09	35.95

注：* 表示必需氨基酸。表中部分数据引自胡春水等，2000。

3. 不同竹种的矿质元素含量

矿质元素在动物体内不能合成，需要从食物和饮水中摄取。矿质元素可以调节细胞膜的通透性，维持神经和肌肉的兴奋性，并且是组成激素、维生素、蛋白质和多种酶类的重要成分。缺少矿质元素会导致多种疾病，如缺铁会导致贫血，缺锌会引起食欲不振、精神障碍、免疫功能差。

冷箭竹等4种野生大熊猫主食的竹种中(见表2–12)，冷箭竹竹叶锰、钾含量最高，峨嵋玉山竹和拐棍竹竹叶钙含量最高，拐棍竹竹叶锌含量最高，华西箭竹竹叶铜、铁含量最高，峨嵋玉山竹竹叶镁含量最高，冷箭竹竹笋—幼竹钾含量最高。因此，大熊猫取食多个竹种可以满足各种元素的需求。

表 2-12 不同竹种的矿质元素含量(mg/g)

竹 种	部 位	Cu	Zn	Mn	Fe	Ca	Mg	K
冷箭竹 *B. fangiana*	笋—幼竹	6.18	25.35	17.74	41.79	70.07	417.59	12 184.50
拐棍竹 *F. robusta*		4.23	23.24	11.65	31.10	79.18	351.42	11 383.47
华西箭竹 *F. nitida*		4.81	19.93	6.07	27.24	58.34	350.35	9 842.01
峨嵋玉山竹 *Y. brevipaniculata*		5.87	22.09	11.91	31.18	130.12	385.67	10 353.70
冷箭竹 *B. fangiana*	1 年生秆	3.97	17.45	14.07	45.23	65.06	241.89	6 280.20
拐棍竹 *F. robusta*		3.31	17.56	14.17	32.98	68.04	202.20	6 452.00
华西箭竹 *F. nitida*		3.83	18.19	6.01	41.85	63.25	228.81	5 524.64
峨嵋玉山竹 *Y. brevipaniculata*		3.70	13.38	10.93	33.04	99.00	246.77	6 508.00
冷箭竹 *B. fangiana*	2 年生秆	3.34	17.63	23.27	35.30	62.81	226.86	3 070.20
拐棍竹 *F. robusta*		2.67	23.81	18.09	38.77	93.37	220.31	3 477.90
华西箭竹 *F. nitida*		3.44	15.65	11.05	48.53	70.54	241.31	3 126.10
峨嵋玉山竹 *Y. brevipaniculata*		2.86	18.16	12.63	26.58	86.80	210.07	3 989.60
冷箭竹 *B. fangiana*	竹叶	6.41	47.33	218.33	138.14	1 492.40	998.40	6 484.9
拐棍竹 *F. robusta*		5.57	63.15	185.76	138.43	2 943.60	1 391.80	6 097.90
华西箭竹 *F. nitida*		6.94	53.10	54.14	299.25	2 563.8	1 269.9	8 440.20
峨嵋玉山竹 *Y. brevipaniculata*		5.93	43.81	149.26	114.22	2 918.2	2 052.1	6 301.30

注:表中数据引自秦自生等,1993。

2 年生竹叶片中的矿质元素含量表明(见表 2-13),各种矿质元素含量较高的竹种是阔叶箬竹、秦岭箭竹、红竹、紫竹等。

表 2-13 不同竹种叶片中的矿质元素含量(mg/kg)

竹 种	Ca	Fe	Na	Zn	Mg	K	Cu	Mn
阔叶箬竹 *I. latifolius*	1 543.14	935.28	1 687.60	515.97	5 829.91	6 736.87	261.30	666.13
斑苦竹 *P. maculates*	1 045.31	345.33	623.33	124.99	1 830.42	6 577.92	56.23	216.02
唐竹 *S. tootsik*	934.43	345.84	581.02	176.06	3 472.45	7 305.74	93.20	295.98
茶秆竹 *P. amabilis*	438.72	217.52	148.53	153.89	2 358.42	6 198.58	74.93	235.50
淡竹 *P. glauca*	2 345.24	478.53	218.32	388.09	2 568.50	2 537.32	346.50	323.91
早园竹 *P. propinqua*	3 406.19	534.67	528.52	186.08	3 140.35	2 561.28	95.08	367.31
毛环水竹 *P. aurita*	733.00	338.69	271.25	219.49	2 898.29	6 600.89	208.30	338.02
白夹竹 *P. bissetii*	4 951.65	448.76	587.38	195.24	3 257.38	2 720.84	169.10	269.24
红竹 *P. iridescens*	3 777.67	396.86	403.46	707.32	4 129.10	2 744.74	105.50	237.78
紫竹 *P. nigra*	2 942.49	665.54	628.12	140.87	3 447.05	2 359.47	128.40	254.96
金竹 *P. sulphurea*	1 320.62	646.88	310.91	163.08	3 532.77	2 607.75	111.00	267.65
巴山木竹 *B. fargesii*	2 188.02	563.65	342.56	156.34	2 944.73	2 428.00	95.14	350.67
秦岭箭竹 *F. qinlingensis*	2 022.01	369.43	321.93	437.80	5 516.27	2 890.46	199.87	398.48

注:表中数据引自何东阳等,2010。

（二）竹子不同器官和部位的营养成分组成

1. 竹子不同器官和部位的营养成分含量

拐棍竹不同器官和部位的营养成分含量不同，拐棍竹粗蛋白、粗脂肪的含量是叶高于笋，笋高于枝，枝高于秆；粗纤维和总糖的含量与之相反。具体见表2–14。

表2–14　拐棍竹不同器官、部位的营养成分组成（占干物质%）

器官	部位	粗脂肪	粗纤维	粗蛋白	总糖
笋	全部	1.27	30.83	10.53	—
	秆下段	0.50	48.63	2.62	19.48
	秆中段	0.45	49.00	2.52	18.90
	秆上段	0.49	47.26	2.34	15.61
一年生竹	枝	1.12	33.38	5.10	18.59
	叶	3.14	23.41	16.19	16.98

注：表中数据引自秦自生等，1993。

版纳甜龙竹和筇竹的竹笋中，粗蛋白在笋尖中的含量最高；而总糖、粗脂肪、粗纤维的含量则表现为自笋尖至笋体基部逐渐升高的趋势。具体见表2–15。

表2–15　竹笋不同部位的营养成分组成（占干物质%）

部位	总糖	粗蛋白		粗脂肪	粗纤维
		版纳甜龙竹	筇竹		
笋尖	19.92	33.36	39.75	2.18	8.39
中部	27.45	22.78	34.87	2.58	9.11
基部	41.57	15.34	28.93	3.38	10.81

注：表中部分数据引自李荣等，2010。

苦竹、百夹竹、琴丝竹等5种竹子营养成分中，粗蛋白、粗脂肪、粗灰分均表现为叶>枝>秆，而粗纤维的含量则相反，无氮浸出物的表现为枝>叶>秆。具体见表2–16。

表2–16　5种竹子叶、枝、秆的营养成分组成（占干物质%）

竹种	部位	粗蛋白	粗纤维	粗脂肪	无氮浸出物	灰分
苦竹 *Pleioblastus amarus*	叶	6.8	13.1	1.2	17.9	4.8
	枝	4.1	22.4	0.6	19.4	2.7
	秆	2.4	27.8	0.3	16.7	1.4
百夹竹 *Phyllostachys nidularia*	叶	8.2	14.2	1.8	24.0	6.4
	枝	3.0	23.6	0.8	20.5	2.5
	秆	2.2	28.1	0.5	20.1	1.1

续表

竹种	部位	粗蛋白	粗纤维	粗脂肪	无氮浸出物	灰分
琴丝竹 *Sinocalamus affinis*	叶	9.2	15.0	2.1	19.0	5.7
	枝	3.2	23.6	0.8	20.7	2.9
	秆	1.7	27.8	0.4	18.3	1.0
小观音竹 *Bambusa multiplex*	叶	8.4	12.1	1.9	15.6	5.0
	枝	3.0	20.9	0.7	17.6	3.0
	秆	1.8	25.5	0.6	16.5	1.2
大观音竹 *Bambusa multiplex* 'Rseusche'	叶	8.9	14.2	2.2	20.1	5.8
	枝	3.4	22.6	0.9	22.2	3.3
	秆	1.8	30.0	0.4	21.9	1.1
	叶平均	8.3	13.7	1.8	19.3	5.5
	枝平均	3.3	22.6	0.8	20.1	2.9
	秆平均	2.0	27.8	0.4	18.7	1.2

注:表中数据引自周洪群等,1998。

2. 竹子不同器官和部位的氨基酸组成和含量

苦竹中检测到的17种氨基酸(见表2–17),游离氨基酸总量及其必需氨基酸总量表现为笋>笋壳>叶;水解氨基酸总量及其必需氨基酸总量则表现为笋>叶>笋壳。游离氨基酸含量较低,而水解氨基酸含量较高。游离的必需氨基酸比例表现为笋>叶>笋壳,水解的必需氨基酸比例则表现为叶>笋>笋壳。因此,竹笋和叶片是营养价值较高的器官,而笋壳的营养价值相对较低。

表2–17　苦竹不同器官和部位的氨基酸组成(mg/g)

氨基酸种类	游离氨基酸				水解氨基酸			
	笋(鲜样)	笋(干样)#	笋壳(干样)	竹叶(干样)	笋(鲜样)	笋(干样)#	笋壳(干样)	竹叶(干样)
天冬氨酸(Asp)	0.105	1.491	2.438	0.269	3.27	46.449	14.53	7.60
丝氨酸(Ser)	0.334	4.744	4.062	0.807	0.76	10.795	3.27	5.38
谷氨酸(Glu)	0.042	0.597	1.870	0.145	2.43	34.517	微量	17.45
甘氨酸(Gly)	0.034	0.483	0.096	0.056	1.12	15.909	1.86	8.00
组氨酸(His)	0.072	1.023	0.184	0.170	1.38	19.602	5.43	15.08
精氨酸(Arg)	0.050	0.710	0.127	0.296	1.14	16.193	3.07	9.83
苏氨酸(Thr)*	0.042	0.597	0.143	0.020	1.13	16.051	11.14	11.59
丙氨酸(Ala)	0.395	5.611	0.952	0.403	1.98	28.125	19.03	14.41
脯氨酸(Pro)	0.393	5.582	0.524	1.012	1.59	22.585	4.83	12.99
半胱氨酸(Cys)	0.009	0.128	0.137	0.104	0.75	10.653	10.25	8.35
酪氨酸(Tyr)	0.120	1.705	0.056	0.039	0.87	12.358	4.01	6.06

续表

氨基酸种类	游离氨基酸				水解氨基酸			
	笋(鲜样)	笋(干样)#	笋壳(干样)	竹叶(干样)	笋(鲜样)	笋(干样)#	笋壳(干样)	竹叶(干样)
缬氨酸(Val)*	0.104	1.477	0.114	0.096	1.08	15.341	2.47	7.66
蛋氨酸(Met)*	0.013	0.185	0.005	微量	0.12	1.705	微量	1.42
赖氨酸(Lys)*	0.026	0.369	微量	微量	1.59	22.585	微量	14.78
异亮氨酸(Ile)*	0.083	1.179	0.103	0.074	1.00	14.205	5.84	8.36
亮氨酸(Leu)*	0.104	1.477	0.058	0.063	1.37	19.460	5.37	12.30
苯丙氨酸(Phe)*	0.086	1.222	0.232	0.046	0.71	10.085	2.51	8.02
氨基酸总量	0.530	7.528	0.839	0.467	8.38	119.034	32.76	79.21
必需氨基酸总量	2.014	28.608	11.100	3.599	22.28	316.477	93.62	169.26
必需氨基酸比重(%)	26.3	26.3	7.56	13.0	37.6	37.6	35.0	46.8

注:* 表示必需氨基酸。# 表示根据含水率 92.96%从鲜笋中换算得出。表中数据引自刘力等,2005。

竹笋的不同部位中,氨基酸的组成和含量有所不同。筇竹和版纳甜龙竹的氨基酸总量、必需氨基酸总量、必需氨基酸比例均表现为笋尖>笋中部>笋基部。筇竹和版纳甜龙竹的笋尖部位含量较高的均为谷氨酸、天冬氨酸、赖氨酸和精氨酸;竹笋基部含量较高的均为天冬氨酸、谷氨酸、亮氨酸、精氨酸;筇竹笋中部含量较高的是谷氨酸、天冬氨酸、精氨酸和亮氨酸,而版纳甜龙竹笋中部含量较高的是天冬氨酸、谷氨酸、亮氨酸和精氨酸。两种竹笋的不同部位含量较低的均为组氨酸、酪氨酸、半胱氨酸和蛋氨酸,以蛋氨酸的含量最低。具体见表 2-18。

表 2-18 筇竹和版纳甜龙竹竹笋不同部位的氨基酸组成(mg/g)

氨基酸种类	筇竹笋			版纳甜龙竹笋		
	笋尖	中部	基部	笋尖	中部	基部
天冬氨酸(Asp)	63.338	56.045	46.537	35.15	28.57	21.62
丝氨酸(Ser)	26.147	20.494	14.452	12.29	10.05	8.07
谷氨酸(Glu)	68.556	56.714	39.390	21.32	29.55	25.27
甘氨酸(Gly)	26.383	20.806	14.237	10.03	8.15	6.08
组氨酸(His)	17.880	15.037	10.585	5.17	4.22	2.96
精氨酸(Arg)	36.506	30.978	19.439	13.65	10.57	7.72
苏氨酸(Thr)*	23.457	19.291	13.572	11.64	9.76	5.52
丙氨酸(Ala)	33.950	26.723	19.185	14.52	12.17	8.63
脯氨酸(Pro)	33.603	25.428	19.279	8.22	7.25	6.18
半胱氨酸(Cys)	11.464	7.067	4.268	2.36	2.24	2.05
酪氨酸(Tyr)	16.129	13.799	9.984	9.85	7.22	3.27
缬氨酸(Val)*	28.632	24.382	17.577	7.82	12.50	9.96
蛋氨酸(Met)*	6.070	1.918	2.298	2.96	3.42	3.27

续表

氨基酸种类	筇竹笋			版纳甜龙竹笋		
	笋尖	中部	基部	笋尖	中部	基部
赖氨酸(Lys)*	39.322	29.058	18.765	17.29	15.08	8.04
异亮氨酸(Ile)*	21.035	17.816	12.924	5.07	8.65	7.04
亮氨酸(Leu)*	35.837	29.602	21.006	16.29	15.22	11.25
苯丙氨酸(Phe)*	18.337	16.275	11.792	9.23	8.25	7.16
氨基酸总量	506.65	411.43	295.29	202.86	192.87	144.09
必需氨基酸总量	166.68	124.49	88.23	67.49	57.43	39.51
必需氨基酸比重(%)	32.90	30.26	29.88	33.27	29.78	27.42

注:* 表示必需氨基酸。表中部分数据引自李荣等,2010。

3. 竹子不同器官和部位的矿质元素含量

拐棍竹和冷箭竹的笋、秆、叶片中的矿质元素,铜、锌、镁 3 种元素是叶的含量高于笋,笋高于秆;锰、铁、钙是叶高于秆,秆高于笋;钾的含量是笋高于叶,叶高于秆。具体见表 2-19。

表 2-19　拐棍竹和冷箭竹不同部位矿质元素含量(mg/g)

竹种	部位	Cu	Zn	Mn	Fe	Ca	Mg	K
拐棍竹	笋	4.23	23.24	11.65	31.10	79.18	351.42	11 383.47
	1 年生秆	3.31	17.26	14.17	32.98	68.04	202.20	6 452.00
	2 年生秆	2.67	23.81	18.09	38.77	93.37	220.31	3 477.9
	竹叶	5.57	63.15	185.76	138.43	2 943.6	1 391.80	6 097.9
冷箭竹	笋	6.18	25.35	17.74	41.79	70.07	417.59	12 184.50
	1 年生秆	3.97	17.45	14.07	45.23	65.06	241.89	6 280.20
	2 年生秆	3.34	17.63	23.27	35.30	62.81	226.86	3 070.20
	竹叶	6.41	47.33	218.33	138.14	1 492.40	998.40	6 484.9

注:表中数据引自秦自生等,1993。

淡竹(*Phyllostachys glauca*)不同器官中,锌在竹笋中含量最高,铜在枝中含量最高,其他大多表现为叶>笋>枝>秆;箬竹(*Indocalamus longiauritris*)中,叶片中的锰、铁、钙含量最高,笋中的锌、钾、镁含量最高,只有铜在枝中含量最高。具体见表 2-20。

表 2-20　淡竹、箬竹不同器官的矿质元素含量(mg/kg)

竹种	器官	Cu	Zn	Mn	Fe	K	Ca	Mg
淡竹	笋	39.9	437.64	72.17	938.52	6 412.93	323.21	542.23
	叶	59.8	284.96	359.92	3 977.61	10 607.26	4 039.12	962.86
	枝	85.33	234.95	150.42	857.61	3 317.49	155.81	280.07
	秆	48.69	79.14	51.75	263.18	2 559.37	33.38	125.64

续表

竹种	器官	Cu	Zn	Mn	Fe	K	Ca	Mg
箬竹	笋	87.42	489.28	2 500.37	1 411.15	5 956.85	266.27	641.01
	叶	64.12	282.88	9 571.33	2 102.84	5 894.34	3 448.76	615.90
	枝	94.27	404.69	2 396.49	192.32	2 766.05	350.08	308.90

注:表中数据引自莫晓艳等,2004。

大叶筇竹(*Oiongzhuea macrophylla*)的7种矿质元素中(见表2-21),铜、锌、钾、镁在笋肉中含量最高,锰、铁、钙在竹叶中含量最高,因此竹笋和竹叶是矿质元素营养较高的器官,秆肉中的含量次之,竹青中的含量最低。7种矿质元素在幼笋中的含量均明显高于老笋;秆肉中,钙在2年生的壮龄竹中含量最高,铜、铁、钾、镁的含量随秆龄升高而下降,锌、锰随秆龄增加含量上升;竹青中,2年生锌、锰、铁、钾的含量高于3年生,而铜、钙、镁的含量低于3年生;1—3年生秆的叶片中,铜、锌、锰、钾的含量随着秆龄的增加而增加,钙、镁含量随年龄增加而下降,铁的含量以2年生秆的叶片中含量最高。

白背玉山竹(*Yushania glauca*)中(见表2-21),叶片是矿质元素含量最高的部位,其次是竹笋,而秆肉和竹青中的含量相当。7种矿质元素在幼笋中的含量也是明显高于老笋,表明竹笋在生长过程中矿质元素的变化幅度较大。秆肉中,仅钙的含量在2年生秆中含量增高,其他6种元素均在当年生秆中含量较高;铜、锌、钙、镁在当年生秆的叶片中含量较高,锰和铁在2年生秆的叶片中含量较高,钾的含量变化不大。

表2-21　大叶筇竹和白背玉山竹不同年龄器官的矿质元素含量(mg/kg)

竹种	器官	年龄	Cu	Zn	Mn	Fe	K	Ca	Mg
大叶筇竹	笋肉	幼笋	12.75	65.87	64.25	97.66	21 956.5	216.48	1 022.73
		老笋	4.25	21.36	5.37	46.88	10 489.13	44.89	242.95
		平均	8.50	43.62	34.81	72.27	16 222.82	130.69	632.84
	秆肉	当年生	4.25	14.51	4.21	60.16	19 782.61	58.52	517.24
		2年生	3.75	14.35	8.64	24.22	17 663.04	117.61	532.92
		3年生	2.75	17.93	16.36	21.09	7 010.87	48.86	250.78
		平均	3.58	15.60	9.74	35.16	14 818.84	75	433.65
	竹青	2年生	3.00	13.53	7.01	51.56	2 907.61	46.59	94.04
		3年生	3.30	11.28	6.70	45.22	791.48	50.00	450.38
		平均	3.15	12.41	6.86	48.39	1 849.55	48.3	272.21
	叶	当年生	9.20	25.64	97.1	99.26	10 730.33	2 151.16	127.81
		2年生	4.20	25.74	16.74	207.9	1 868.4	1 162.79	625.95
		3年生	5.60	30.64	135.94	164.34	3 542.18	813.95	553.44
		平均	6.33	27.34	83.26	157.17	5 380.3	1 375.97	435.73

续表

竹种	器官	年龄	Cu	Zn	Mn	Fe	K	Ca	Mg
白背玉山竹	笋肉	幼笋	8.64	38.62	49.11	100.92	89 203.13	101.74	1 269.67
		老笋	5.00	34.89	9.58	92.97	19 239.13	51.14	352.66
		平均	6.82	36.76	29.35	96.95	54 221.13	76.44	811.17
	秆肉	当年生	2.50	19.73	6.07	55.47	17 309.78	52.27	438.87
		2 年生	2.50	11.74	4.44	21.09	6 288.04	109.09	384.75
		平均	2.50	15.74	5.26	38.28	11 798.91	80.68	411.81
	竹青	2 年生	2.00	16.96	8.18	39.06	3 016.3	157.95	195.92
		当年生	9.75	25.11	97.54	83.82	7 525.5	406.98	862.60
	叶	2 年生	6.70	20.43	172.54	200.18	7 655.25	162.91	721.37
		平均	8.23	22.77	135.04	142	7 590.38	284.95	791.99

注：表中数据引自周财权等，1997。

总之，叶片和竹笋是营养成分含量最高的器官，粗蛋白、粗脂肪在叶片中的含量较高，其次是竹笋和枝条，竹秆中的营养成分含量较低。但竹笋的采食受竹种发笋特性和季节的影响较大，竹叶则可常年供应，竹叶粗纤维含量低，但粗蛋白、糖类、粗脂肪含量较高，因此是大熊猫主要的食材。通常幼嫩器官中粗蛋白等有机营养成分的含量高于木质化程度高的器官，如笋尖的营养成分高于笋体中部，中部大于笋体基部；竹秆中的营养成分是上部大于中部，中部大于基部；1 年生秆的营养成分大于 2 年生秆，后者则大于多年生秆。因此，1、2 年生的竹秆特别是先端幼嫩部分也是大熊猫采食的主要对象。3 年生以上的竹秆具有较强的木质化程度，纤维素含量高，尽管部分矿质元素的含量较高，但由于取食难度大，口感不好等原因，大熊猫较少取食。大熊猫取食竹子的部位随着竹子的生长发育而变化，在春夏竹子发笋的季节，大熊猫主食竹笋；秋季主要以幼嫩竹叶为食；冬季则采食幼秆、枝叶等。

（三）竹子营养成分随季节的变化

1. 竹子有机营养成分含量随季节的变化

铺地竹（*Arundinaria argenteostriatus*）和菲白竹（*Arundinaria fortunei*）叶片的营养成分随季节的变化如表 2-22。铺地竹叶片在不同季节的营养成分表现为：春季叶片刚刚长出，水分含量高，蛋白质含量至 7 月达最高，此后随着叶片生长老化，蛋白质含量逐渐降低，至秋末冬初的 12 月达最低。粗脂肪的含量自 5 月叶片展开后逐渐升高，到 11 月达最高，此后则略有下降。粗纤维的含量则随着叶片的老化逐渐升高，至冬季来临，含量达 48%以上。可溶性糖在叶片形成初期含量最高，随着叶片老化逐渐下降。粗灰分的主要成分是无机营养如矿质元素，铺地竹叶片的粗灰分在叶片形成后随着时间的增加呈逐渐上升趋势。

菲白竹叶片的含水量在 5 月较高，从 8 月开始下降。蛋白质含量最高在 9 月，此后有所下降。粗脂肪的含量则随时间逐渐升高，平均含量达 6.24%。粗纤维含量随着叶片的老化逐渐升高，至 10 月达最高值 42.45%。可利用糖的含量 5—10 月逐渐上升，到 10 月高达 17.43%，自 11 月开始有所下降。粗灰分含量则随着不同的月份处于时高时低的波动状态，平均含量为 14.42%。

表 2-22　不同季节铺地竹、非白竹叶片的营养成分组成(%)

竹种	月份	水分	粗蛋白	粗脂肪	粗纤维	可利用糖	粗灰分
铺地竹	05	67.95	15.10	3.77	33.38	18.47	8.89
	06	60.99	15.08	5.03	38.46	15.83	10.98
	07	57.12	16.37	6.10	41.50	14.78	14.93
	08	55.50	15.39	7.53	39.89	15.40	13.59
	09	53.15	13.78	6.71	39.71	14.57	15.94
	10	51.24	10.31	8.49	43.60	13.56	15.90
	11	51.09	9.96	9.05	44.72	12.67	17.32
	12	50.77	7.12	8.43	44.49	12.42	16.45
	01	41.21	7.09	6.92	48.14	10.56	18.64
	平均	54.34	12.24	6.89	41.54	14.25	14.74
非白竹	05	63.65	15.98	3.97	34.11	9.6	6.14
	06	58.62	14.34	6.08	35.03	10.19	6.32
	07	58.63	12.3	6.14	37.58	12.85	4.83
	08	56.88	12.14	6.38	37.42	14.64	5.06
	09	55.56	16.88	6.45	41.99	16.52	5.72
	10	55.07	11.46	6.51	42.45	17.43	5.12
	11	56.89	10.32	7.37	42.18	17.41	5.01
	12	54.38	11.69	7.05	41.44	16.71	4.18
	平均	57.46	13.14	6.24	39.03	14.42	5.30

注:表中数据引自岳祥华等,2009;陈卫元,2008。

苦竹、白夹竹、琴丝竹等5种竹子在春、秋季的营养成分含量如表2-23,琴丝竹、小观音竹的营养价值春季略高,苦竹、白夹竹的营养成分含量秋季略高,大观音竹在春、秋季的营养成分相当。

表 2-23　5种竹子在春、秋季的有机营养成分(占干物质%)

竹种	季节	粗蛋白	粗纤维	粗脂肪	无氮浸出物	灰分
苦竹	春季	3.4	28.1	0.6	19.4	2.3
	秋季	3.6	19	0.4	15.2	2.1
白夹竹	春季	3.6	23.5	1	19.4	2.7
	秋季	5.3	21.3	1.1	24.6	3.5
琴丝竹	春季	3.9	25.3	0.9	21.1	2.6
	秋季	3.6	22.3	0.7	16.9	2.4
小观音竹	春季	4.4	21.3	1.2	19.7	3.2
	秋季	3.4	19.5	0.7	16.1	2.6

续表

竹种	季节	粗蛋白	粗纤维	粗脂肪	无氮浸出物	灰分
大观音竹	春季	3.7	25.2	0.8	20.8	2.4
	秋季	3.7	24.4	0.7	21.9	3
平均	春季	3.8	24.7	0.9	20.1	2.6
	秋季	3.9	21.3	0.7	19	2.7

注:表中数据引自周洪群等,1998。

2. 竹子矿质元素含量随季节的变化

在冷箭竹和拐棍竹的笋一幼竹的幼嫩器官中,除铁元素是夏季含量最高外,其他元素都是春季含量最高;1年生秆中,冷箭竹除锰、钙外,其他元素都以春季含量较高;拐棍竹中铜含量秋季最高,锌、铁、镁、钾夏季含量最高,锰和钙冬季含量最高。叶片中,冷箭竹除铜、钙、镁外,其他元素也是以春季含量较高;拐棍竹中铜、铁、镁春季含量最高,锌和锰夏季含量最高,而钙和钾秋季含量最高(见表2-24、表2-25)。

表2-24　不同季节冷箭竹的矿质元素含量(mg/g)

季节	器官	Cu	Zn	Mn	Fe	Ca	Mg	K
春季(4—6月)	笋一幼竹	9.90	37.81	35.72	51.17	127.86	674.72	20 627.4
	1年生秆	4.23	20.71	11.02	59.05	60.84	253.02	9 234.9
	叶	6.41	51.61	282.58	185.00	1 372.90	990.00	10 227.5
夏季(7—9月)	笋一幼竹	5.41	21.29	14.02	57.76	48.79	335.02	10 097.8
	1年生秆	4.24	14.58	14.36	24.56	68.68	245.99	3 202.9
	叶	6.77	46.58	188.42	127.66	1 912.5	1 068.20	6 212.5
秋季(10—12月)	笋一幼竹	4.63	22.80	10.35	30.49	48.19	311.57	9 474.2
	1年生秆	3.83	16.75	15.35	36.91	56.02	224.91	4 773.1
	叶	6.05	43.99	199.92	104.60	1 403.60	893.10	6 208.3
冬季(1—3月)	笋一幼竹	4.80	19.52	7.68	27.64	55.42	349.05	8 538.8
	1年生秆	3.44	17.50	17.36	60.39	74.70	243.65	5 684.5
	叶	6.41	46.72	202.41	135.32	1 280.70	1 017.50	6 031.3

注:表中数据引自秦自生等,1993。

表2-25　不同季节拐棍竹矿质元素的含量(mg/g)

季节	器官	Cu	Zn	Mn	Fe	Ca	Mg	K
春季(4—6月)	笋	7.73	30.56	16.91	29.56	159.04	556.02	14 784.8
	1年生秆	2.79	18.84	13.35	29.71	62.65	187.40	6 044.3
	叶	6.65	67.92	265.27	150.40	3 147.20	1 610.00	5 130.6

续表

季节	器官	Cu	Zn	Mn	Fe	Ca	Mg	K
夏季(7—9 月)	笋	2.54	20.02	12.91	29.09	61.85	371.72	10 579.2
	1 年生秆	3.83	19.04	12.91	41.36	65.06	224.90	8 506.8
	叶	5.21	76.04	473.92	144.30	2 678.50	1 262.70	4 769.4
秋季(10—12 月)	笋	3.06	21.56	5.34	32.52	64.26	281.13	9 498.2
	1 年生秆	4.11	15.02	12.91	26.92	62.65	215.50	6 683.9
	叶	5.69	42.81	118.73	110.20	3 347.20	1 125.80	8 316.7
冬季(1—3 月)	笋	3.58	22.34	8.90	33.21	64.26	293.63	9 945.9
	1 年生秆	2.52	17.34	20.03	33.94	81.79	181.20	4 573.2
	叶	4.73	65.83	232.92	148.8	2 701.40	1 570.00	6 175.0

资料来源:秦自生等, 1993, 卧龙大熊猫生态环境的竹子与森林动态演替, 中国林业出版社。

(四)不同海拔高度的竹子营养成分

竹子在不同的海拔高度条件下,地理小环境、土壤风化母质等条件也会有不同程度的变化,竹子的营养成分会随着海拔不同而有所变化。

1. 不同海拔高度竹子营养成分的含量

冷箭竹的竹笋中,粗蛋白、总糖的含量随着海拔的升高呈现出先升高后下降的趋势,而粗纤维、粗脂肪则随着海拔的升高先下降后升高。叶片中,粗蛋白含量随海拔的升高表现为先升高后下降;总糖含量随海拔升高处于波动状态,但总体上含量提高;而粗纤维和粗脂肪的含量则随海拔的变化呈现或高或低的波动,没有明显的规律。竹秆中,粗蛋白和总糖的含量随着海拔的上升先升高后下降;粗纤维的含量变化不明显,在海拔最高处明显上升;粗脂肪的含量则呈下降趋势(见表 2-26)。

表 2-26　不同海拔冷箭竹的营养成分组成(占干物质%)

海拔(m)	器官	粗蛋白	粗纤维	粗脂肪	总糖
1 600—1 800	竹笋	3.90	38.27	0.59	0.25
1 800—2 000		4.23	35.34	0.58	0.43
2 000—2 200		4.64	37.09	0.29	0.58
2 200—2 400		5.53	30.81	0.44	0.52
2 400—2 600		5.66	33.22	0.70	0.54
2 600—2 800		3.35	41.71	0.67	0.48
1 600—1 800	竹叶	9.96	21.05	1.92	1.03
1 800—2 000		11.02	23.73	1.46	1.00
2 000—2 200		12.46	18.89	1.52	1.33
2 200—2 400		12.00	28.56	1.18	1.12

续表

海拔(m)	器官	粗蛋白	粗纤维	粗脂肪	总糖
2 400—2 600	竹叶	11.52	20.24	1.39	1.37
2 600—2 800		8.61	30.18	1.48	1.48
1 600—1 800	1 年生秆	2.03	42.11	0.85	0.64
1 800—2 000		2.13	41.38	0.48	0.69
2 000—2 200		3.27	42.97	0.56	0.90
2 200—2 400		2.99	43.43	0.40	1.34
2 400—2 600		2.44	39.29	0.31	0.56
2 600—2 800		2.09	57.46	0.36	0.78

注：表中数据引自刘冰，2008。

2. 不同海拔高度竹子矿质营养元素的含量

冷箭竹竹笋的矿质元素中，随着海拔高度的升高，锰含量呈不规则的波动状态；钙和镁的含量先升高后下降；钾和铜的含量先下降后上升；锌和铁的含量呈上升趋势。竹叶中，锰、钙、镁的含量在海拔 1 800—2 000 m 的含量明显较高，而在其他海拔高度的含量则变化不大；钾、锌、铜、铁的含量均表现为随着海拔高度的增加先降低后增高。竹秆中，随着海拔高度的增加，锰含量的变化趋势与竹叶中一致，表现为在海拔 1 800—2 000 m 的含量明显较高，而在其他海拔高度的含量则变化不大；其他元素则处于或高或低的波动状态，变化趋势不明显（见表 2–27）。

表 2–27　不同海拔冷箭竹笋的矿质元素含量(mg/kg)

海拔(m)	器官	Mn	Ca	K	Zn	Cu	Fe	Mg
1 600—1 800	竹笋	7.81	1 122.96	14 463.15	25.30	11.52	126.71	287.59
1 800—2 000		22.23	3 877.62	9 970.76	24.82	8.92	123.65	1 019.08
2 000—2 200		7.92	3 694.87	7 995.45	22.54	4.65	125.26	936.40
2 200—2 400		28.16	5 654.31	95 76.53	47.35	8.45	187.20	1 063.43
2 400—2 600		19.37	1 113.89	13 789.79	30.19	15.04	300.92	321.27
2 600—2 800		21.34	1 630.72	14 240.67	42.60	16.86	303.64	356.85
1 600—1 800	竹叶	46.89	4 031.64	18 453.36	41.23	15.62	383.95	641.56
1 800—2 000		193.13	10 660.85	5 269.76	35.20	6.18	261.32	2 158.45
2 000—2 200		56.09	7 100.85	7 424.13	29.41	8.20	230.37	1 606.85
2 200—2 400		46.58	5 796.58	6 433.40	26.97	8.43	589.40	1 367.73
2 400—2 600		67.75	4 137.26	13 855.61	41.10	19.79	491.07	680.24
2 600—2 800		124.31	4 270.59	17 839.96	47.33	17.48	440.52	697.88
1 600—1 800	1 年生秆	4.90	785.70	9 576.87	21.94	10.17	104.03	185.49
1 800—2 000		40.28	2 626.33	4 256.90	29.06	2.75	117.78	1 134.26
2 000—2 200		8.62	4 417.94	5 918.70	41.87	1.38	262.97	949.56

续表

海拔(m)	器官	Mn	Ca	K	Zn	Cu	Fe	Mg
2 200－2 400	1 年生秆	3.91	3 847.18	3 503.34	12.54	6.36	169.34	1 075.09
2 400－2 600		11.09	875.82	5 703.95	26.72	23.90	87.88	205.35
2 600－2 800		18.69	3 088.54	5 008.54	19.25	11.85	99.11	714.98

注：表中数据引自刘冰，2008。

因此，竹子的营养成分含量与不同的竹种，以及同一竹种的不同器官、部位、年龄、季节、生态小环境等因素均有关系。大熊猫对竹子的取食，除了受其营养成分影响外，还与竹子的含水量、鲜嫩程度、可获得程度等有关。圈养条件下，大熊猫一般喜欢取食笋体粗大、新鲜、获得容易、营养丰富的竹子材料为食。

参考文献

[1] 马乃训，张文燕，楼一平，等. 竹林丰产栽培技术[M]. 北京：中国林业出版社，1996.

[2] 秦自生，艾伦·泰勒，蔡绪慎. 卧龙大熊猫生态环境的竹子与森林动态演替[M]. 北京：中国林业出版社，1993.

[3] 李承彪. 大熊猫主食竹研究[M]. 贵阳：贵州科学技术出版社，1997.

[4] 周芳纯. 竹林培育学[M]. 北京：中国林业出版社，1998.

[5] 胡春水，余红英.毛竹笋氨基酸含量的比较[J]. 竹子研究汇刊，2000，19(2)：44–48.

[6] 岳祥华，张明，刘桂华. 铺地竹叶片营养成分随季节的动态变化[J].安徽农业科学，2009(25)：11 970–11 971.

[7] 陈卫元. 菲白竹叶饲用价值的初步研究[J].江苏农业科学，2008(6)：215–216.

[8] 袁金玲，熊登高，胡炳堂，等. 珍稀保护竹种筇竹笋营养成分的研究[J].林业科学研究，2008，21(6)：773–777.

[9] 刘冰，樊金拴，胡桃，等.秦岭大熊猫主食竹氨基酸含量的测定及营养评价[J].安徽农业科学，2008，36(21)：9 024–9 026，9 051.

[10] 刘力，林新春，孙培金，等. 苦竹笋、叶营养成分分析[J].竹子研究汇刊，2005，24(2)：15–18.

[11] 陈玉惠，刘翠. 云南 12 种食用竹笋营养成分研究[J].天然产物研究与开发，1998，10(1)：25–30.

[12] 江泽慧. 世界竹藤[M]. 沈阳 ：辽宁科学技术出版社，2002.

[13] 刘选珍，李明喜，余建秋，等. 圈养大熊猫主食竹的氨基酸分析[J].经济动物学报，2005，9(1)：30–34.

[14] 杨永峰，黄成林. 三种苦竹属竹笋营养成分和矿质元素含量分析[J].植物资源与环境学报，2009(3)：94–96.

[15] 周洪群，李红. 成都地区五种低山平坝竹营养成分分析[J].西南农业学报，1998，11(2)：107–110.

[16] 莫晓燕，冯怡，冯宁，等. 圈养秦岭大熊猫两种主食竹中元素含量初探[J].西北农林科技大学学报：自然科学版，2004，32(6)：95–98.

[17] 莫晓燕，李静，冯宁，等. 圈养秦岭大熊猫 2 种主食竹叶维生素 C 含量分析[J].无锡轻工大学学报：食品与生物技术，2004，23(2)：62–66.

[18] 周材权，胡锦矗. 马边大风顶自然保护区大熊猫二主食竹种微量元素的研究[J].四川师范学院学报：自然科学版，1997，18(1)：5–9.

[19] 傅金和，刘颖颖，金学林，等. 秦岭地区圈养大熊猫对投食竹种的选择研究[J].林业科学研究，2008，21(6)：813–817.

[20] 刘颖颖. 秦岭圈养大熊猫对投食竹种的选择研究[D]. 北京：中国林业科学研究院，2009.

[21] 何东阳. 大熊猫取食竹选择、消化率及营养和能量对策的研究[D]. 北京：北京林业大学，2010.

[22] 刘冰. 大熊猫主食竹及其特性研究[D]. 西安：西北农林科技大学，2008.

[23] 李荣，刀定伟，向明欢，等.版纳甜龙竹笋不同部位营养特征分析[J].林业科技开发，2010，24(4)：76–78.

第三编

大熊猫食竹图谱

竹子是大熊猫生命维持的独一无二的食物。研究表明，大熊猫食竹具有广谱性，或者说是几乎所有的竹子都可以成为大熊猫的食物。限于大熊猫适应零下十几摄氏度气温的习性，通常是在亚热带及温带地区进行大熊猫的人工圈养，在这里生长的竹子基本上是散生竹和混生竹，仅有少量较耐寒的丛生竹。以下的大熊猫食竹图谱则是按以上所述并选具有一定枝叶产量的竹种介绍。

一、酸竹属

Acidosasa C. D. Chu et C. S. Chao

粉酸竹

A. chienouensis (Wen) C. S. chao et Wen

别名：建瓯大节竹，建瓯酸竹。

秆高 5－13 m，直径 4－10 cm，节间长 30－48 cm。幼秆绿色无毛，节下具白粉。箨鞘早落，初绿色，背面被白粉和黄褐色脱落性疏硬毛，基部密生一圈褐色毛；箨耳镰刀状开展，边缘具放射状縫毛；箨舌弓状，中部高 4 mm，边缘有短纤毛；箨叶狭长三角状披针形，外展或外折。分枝初 3 枚。叶片披针形，长 8－13 cm，宽 1－1.5 cm。笋期 4－5 月。

分布：福建、湖南。

酸竹

A. chinensis C. D. Chu et C. S. Chao

秆高 8 m，直径 3－5 cm，节间长约 20 cm。秆绿色，初密被短硬毛，后无毛，具明显的细条纹。箨鞘褐红色，被易落的短硬毛，疏生斑点，质脆，先端渐窄，边缘具缘毛；无箨耳及缝毛；箨叶小，披针形，长 1.5－4.5 cm，宽不及 1 cm；箨舌短，弓形，先端具流苏状短纤毛。每节分枝 3 枚，斜上展。叶片长 11－30 cm，宽 2－6. 5 cm，每小枝 2－5 叶。笋期 5 月。

分布：广东。

◎ 酸竹 *A. chinensis*

黄甜竹

A. edulis (Wen) Wen

别名：黄间竹。

秆高 8－12 m，直径达 6 cm，节间长 25－40 cm，绿色无毛。箨鞘无斑点，初绿色，后转棕色，密被褐色长刺毛，边缘常呈紫色、具纤毛；箨耳狭镰刀状伸出，表面被棕色绒毛，边缘有少数燧毛呈放射状开展；箨舌高 3－4 mm，中部隆起有尖峰，先端边缘具纤毛；箨叶绿色，边缘染有紫色，披针形，直立或反转，两面粗糙。每节分枝3 枚，近相等，斜举。叶片阔披针形至披针形，长 11－18 cm，宽 1.7－2.8 cm。笋期 5 月。

笋味鲜美，并可加工成笋干，是夏季优良笋用竹种。

分布：福建、江西。浙江有栽培。

◎ 黄甜竹 *A. edulis*

橄榄竹

A. gigantea (Wen) Q. Z. Xie et W. Y. Zhang

别名：江南竹。

秆高 8－17 m，直径达 10 cm，节间长约 60 cm。新秆粉绿色，被白粉，节下尤密；老秆黄绿色，秆环隆起具脊。箨鞘革质，上部狭窄，鲜时金黄色至淡红棕色，密被白粉及紫褐色硬刺毛；箨耳中等发达，卵状至镰刀状，缝毛长达 10 mm；箨舌中部有尖峰，先端具纤毛，基部与箨叶之间有长达 15 mm 之流苏状毛。每节分枝 3 枚，开展。叶片长披针形，长 8－13 cm，宽 1.4－2 cm。

笋味极苦，不堪食用。竹秆挺拔秀丽，作观赏或整秆材用均可。

分布：浙江、福建。

◎ 橄榄竹 *A. gigantea*

毛花酸竹

A. hirtiflora Z. P. Wang et G. H. Ye

别名:美雪奴(广西隆林)。

秆高2.5 m。幼秆疏生柔毛,箨环下有一圈较密的淡棕色柔毛。箨鞘纸质,干后草黄色,被易落的棕色刺毛,向顶端并有密集的微刺毛,边缘具纤毛;无箨耳及缝毛;箨叶小,披针形,直立,背面密生短柔毛;箨舌高1 mm,弧形,边缘具短纤毛。叶片长7—13 cm,宽1—1.5 cm,上面微粗糙。笋期5月。

笋味美,可食用。

分布:广西、福建、湖南。

福建酸竹

A. longiligula (Wen) C. S. Chao et C. D. Chu

秆高3—6 m,直径1.5—2.0 cm,中部节间长20—25 cm,无毛。箨鞘绿色,具紫色脉纹,疏生褐色小斑点,被易落的短刺毛,边缘具纤毛;箨耳小,长圆形,长约4 mm,鞘口缝毛发达,长约7 mm;箨舌显著隆起,高达6 mm,背部有白粉,先端有白色纤毛。箨叶绿色,披针形,外翻。

秆中部每节分枝3枚,每小枝具叶片2—5(8)枚。叶鞘初被柔毛,后脱落。叶耳及缝毛发达,后脱落。叶舌明显隆起,高4—8 mm,山峰状,先端齿裂,背部密被毛。叶片带状披针形,长11—20(30)cm,宽1—2.3(3.0)cm,先端长渐尖。

分布:福建中部及南部。

灵川酸竹

A. lingchuanensis (C. D. Chu et C. S. Chao) Q. Z. Xie et X. Y. Chen

秆高4 m,直径3 cm。新秆节下疏生短刺毛,稍粗糙,中部节间长30—40 cm;髓稍有不均匀的增厚,秆环中等隆起,箨环木栓质隆起;笋绿色或微带红色。箨鞘绿黄色,背面疏被棕色刺毛,微被白粉,边缘具缘毛;箨耳较发达,略呈镰刀形,鞘口缝毛粗,放射状,长10—15 mm,箨耳和缝毛均易落;箨舌平截或微隆起,背面有毛,边缘无毛或具短纤毛;箨叶鲜绿色,宽带状披针形,开展,下部者外翻。

秆作围篱,笋可食。

分布:广西北部灵川,多见于低山丘陵的沟边。

◎ 福建酸竹 *A. longiligula*

◎ 福建酸竹 *A. longiligula*

斑箨酸竹

A. notata (Z. P. Wang et G. H. Ye) S. S. You

秆高达 6 m，直径 1.5—2 cm，节间最长达 30 cm。幼秆被厚白粉，箨环上具柔毛和木栓质残留物。箨鞘薄革质，草黄色，上部带紫色，被白粉和稀疏刺毛，疏生褐色小斑点，基部具一圈明显的柔毛与刺毛混生的毛环；箨耳小，半圆形，密被细柔毛，耳缘具数枚粗硬刚毛，有时箨耳缺如；箨舌弧形，高约 2 mm，有时背部具稀疏柔毛，边缘具短纤毛；箨叶线状披针形，外翻，两面被稀疏柔毛。每节分枝 3 枚，每小枝具叶 3 枚。叶片长 15—20 cm，宽 1.5—2.4 cm，无叶耳及燧毛，叶舌极发达。

分布：福建。

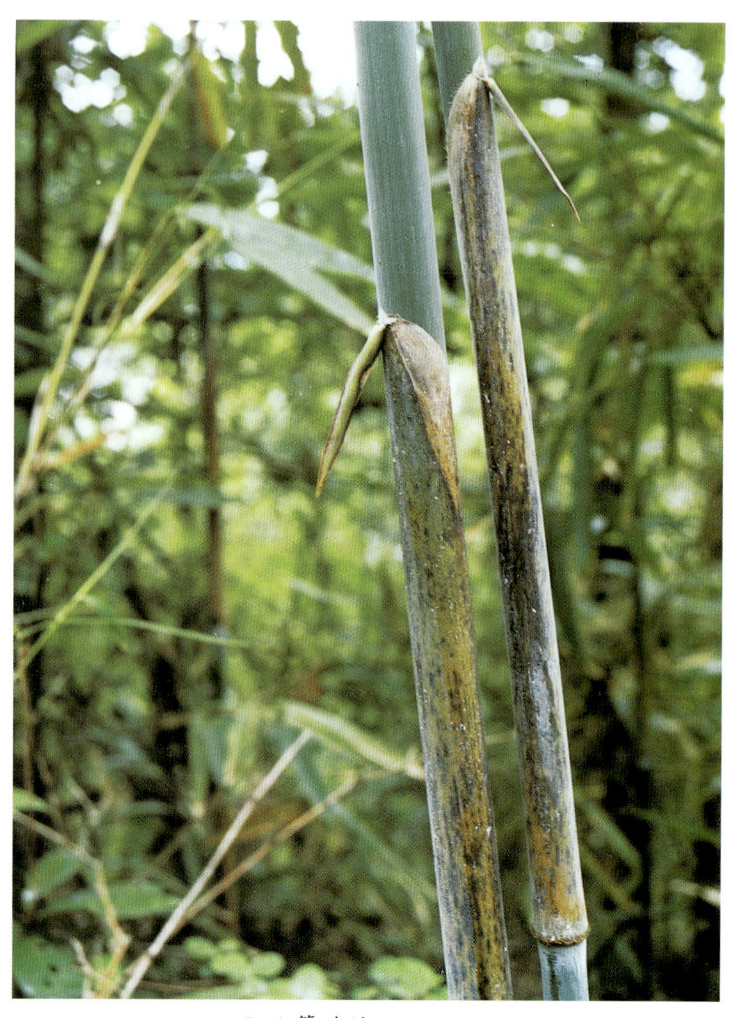

◎ 斑箨酸竹　*A. notata*

黎竹

A. venusta (McClure) Z. P. Wang et G. H. Ye

别名：坭竹（广东）。

秆矮小，高 1.4 m，直径 0.8 cm。新秆节间初有长柔毛，逐渐脱落，箨环上被毛环，节下具白粉圈。箨鞘被脱落性柔毛，上部秆箨则可无毛，具缘毛；无箨耳，鞘口燧毛缺失或微弱；箨舌先端截状，被细缘毛，背部具糙硬毛；箨叶绿色，染有紫色，小而早落，直立或平展。每节分枝 3 枚，平展。叶片长椭圆状披针形，长 9—20 cm，宽 1.7—2.6 cm。

分布：广东花县。中山大学有栽培。

◎ 黎竹　*A. venusta*

◎ 黎竹 *A. venusta*

二、巴山木竹属

Bashania Keng f. et Yi

◎ 巴山木竹 *B. fargesii*

冷箭竹

B. fangiana (A. Camus) Keng f. et Wen

秆高 0.5－1.0 m，直径 0.4－0.7 cm，圆筒形，无毛。箨鞘无毛，边缘有时具纤毛，常较节间短；无箨耳及繸毛。分枝密集成束，每小枝具叶 2－4 枚。叶片长 3－7.5 cm，宽 0.4－1.4 cm，叶鞘无毛，具叶耳及繸毛，叶舌截状，高约 0.5 mm。

分布：四川西部特产。

巴山木竹

B. fargesii (E. G. Camus) Keng f. et Yi

别名：木竹（陕西）、法氏箬竹（《禾本科图说》）、秦岭箬竹（《秦岭植物志》）。

秆高 3－10 m，直径 2－5 cm，中部节间长 40－60 cm，秆壁较厚。箨鞘迟落或宿存，革质，被棕色刚毛，鞘口截平；无箨耳及繸毛；箨舌微隆起，高约 2 mm；箨叶披针形，直立，平直或有波曲，易自鞘上脱落。每节分枝初为 3 枚，后为多枚。叶片质地坚韧，叶舌发达。笋期 4 月下旬至 5 月。

抗寒性强，秆适于制浆造纸。原竹还广泛用于建筑，制作架杆、烤烟杆等。

分布：四川北部、湖北、陕西、甘肃等地。

饱竹子

B. qingchengshanensis Keng f. et Yi

秆高 2－4 m，直径 3－10 mm，节间长 40－45 cm。全秆 11－15 节，节下具灰黄色蜡粉一圈，实心或近实心。节隆起，具鞘基残留物。箨鞘宿存，厚革质至软骨质，较坚脆，背面上半部密生棕黑色小刺毛，边缘密生棕色纤毛；箨耳缺失，鞘口两肩初具少数短繸毛，后脱落；箨舌截平形或弧形，高不及 1 mm，口部生短纤毛；箨叶三角状披针形或披针形，宿存，直立或偶外翻，腹面基部密生灰褐色小刺毛。每节分枝 5－12 枚，簇生，无主枝，直立或上举，枝条的节上一般不再分枝，小枝具叶 1－3 枚，通常 2 枚。叶片长披针形，坚纸质，长 22－32 cm，宽 2.4－3.8 cm。笋期 4 月。

秆作笔杆等用，亦可栽培供观赏。

分布：四川，生长于海拔 800－1 000 m 山地。

◎ 饱竹子 *B. qingchengshanensis*

峨热竹

B. spanostachya Yi

秆高 1—3.5 m，直径 0.6—1.2 cm，直立，节间圆筒形，分枝一侧中间扁平。新秆微被白粉，具紫色小点。箨鞘革质，宿存，淡黄色，被贴生细刚毛或无毛；箨耳缺失，繸毛无或仅稀疏生有 1—2 枚；箨舌紫色，高 1 mm；箨叶直立，或仅在顶部秆箨上开展，平直或微褶皱。叶片线状披针形，长 2.2—6.7 cm，宽 0.4—0.75 cm，次脉 2—3 对。

分布：四川会理，常生于海拔 3 200—3 900 m 的长苞冷杉或杜鹃林下。

三、寒竹属

Chimonobambusa Makino

狭叶方竹

C. angustifolia C. D. Chu et C. S.Chao

别名：线叶方竹。

秆高 2 m，直径 1 cm，节间长 8－15 cm。秆箨纸质，慢慢脱落，较节间短，无毛，两面边缘密被缘毛，全无斑点，具清楚的方格状斑纹。

本种近似方竹 *C. quadrangularis*，区别在于本种秆具有极细极疏之疣点，但易脱落而变光滑；秆、枝极脆，易在秆环和枝环上折断；秆箨背面具有灰白色圆斑。笋味淡，稍有苦味，秋冬发笋，小笋往往破雪而出。

分布：广西、陕西南部、湖北、四川等。海拔 700－1 300 m，阔叶林下较阴湿的沟道和坡面的山凹处亦有生长。

缅甸方竹

C. armata（Gamble）Hsueh et Yi

别名：热昔戈格（门巴语译音，墨脱）、芒麦（藏语译音，察隅）、墨脱方竹。

秆高 5－7 m，直径 1－2.5 cm，中部节间一般长 20 cm，圆筒形，但在分枝节间具纵脊和纵沟，上半部具稀疏小刺毛。箨环隆起，秆环显著隆起呈一圆脊，并具扣盘状关节，通常于分枝以下各节之节内生有气生根刺一圈；每节分枝初为 3 枚，后为多枚。箨鞘迟落，短于节间；箨耳缺失；箨舌截平形；箨叶微小，直立。叶片披针形，长 12－33 cm，宽 1.5－4 cm。笋期 7－8 月初。

笋供食用。

分布：西藏墨脱、察隅及云南，生长于海拔 1 900－2 200 m 的阔叶林下。

短节方竹

C. brevinoda Hsueh et W. P. Zhang

灌木状竹类，秆高 2－3 m，直径 1 cm 左右；节间略呈方形或圆筒形，长 7－8 cm；秆环隆起，刺状气生根发达，5－6 枚，节下具棕色或暗红色密毛环。秆箨宿存，薄纸质，较节间长；箨鞘背面具锈褐色斑点，并被稀疏易落之紫褐色刺毛，基部密被一圈浅褐色绒毛；箨耳缺；箨舌不明显；箨叶呈锥状，长不及 0.1 cm。分枝初时为 3 枚，后多数，枝环极为隆起。叶片披针形，长 13－16 cm，宽 1 cm。出笋期 10 月。

分布：仅限于云南麻栗坡、马关和西畴等地，海拔 1 500－2 000 m。

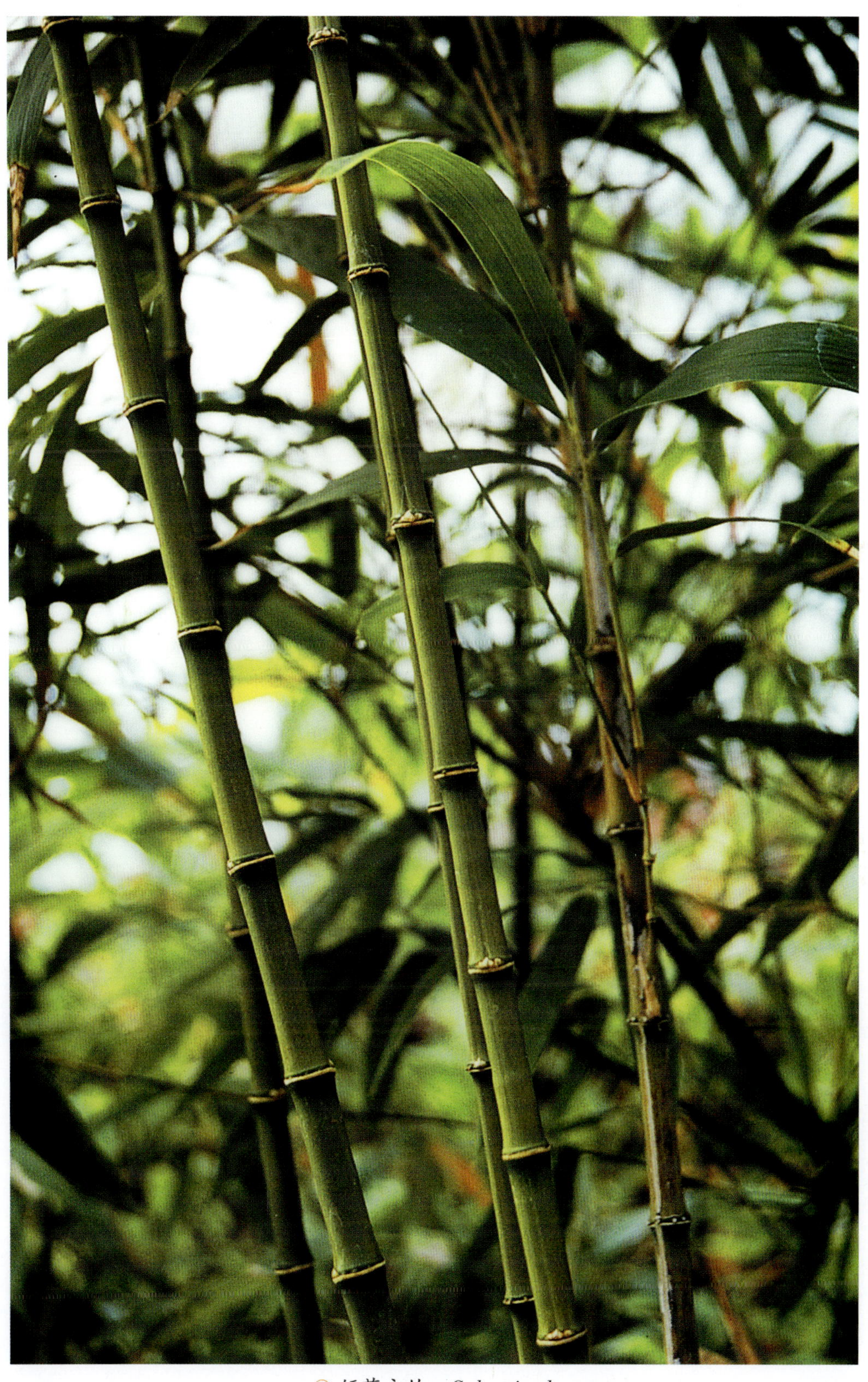

◎ 短节方竹 *C. brevinoda*

小方竹

C. convoluta Q. H. Dai et X. L. Tao

本种与短节方竹 *C. brevinoda* 近似，其区别在于本秆之节间具纵列黄褐色刺毛；秆箨脱落，短于节间；箨叶较大，长达 1.1－2 cm，叶鞘有毛。

分布：广西田林、睦边等。

大明山方竹

C. damingshanensis Hsueh et W. P. Zhang

本种与寒竹 *C. marmorea* 很相似，但本种秆环自基部第一节起即呈肿胀状隆起，节内宽 3－4 mm；秆箨密被黄褐色短刺毛，并有紫褐色大斑块；叶舌甚发达，高 6 mm。

分布：广西南宁等地。

大叶方竹

C. grandifolia Hsueh et W. P. Zhang

秆高 4 m，直径 1－1.5 cm，秆壁甚厚；节间圆筒形，幼时于中上部贴生棕色小刺毛，后脱落为疣基而粗糙，长 20－25 cm，最长达 35 cm；秆环隆起呈脊状，基部数节之节内具刺状气生根，箨环上具一圈棕色密毛环。秆箨迟落，纸质，长为节间的 1/3－1/2；箨鞘背面被棕色向上伏贴之小刺毛；箨舌高 1 mm；箨叶三角状锥形。每节分枝 3 枚，枝节极为隆起。叶片较大，长 30－35 cm，宽 2.5 cm，矩圆状披针形，侧脉 7－8 对，小横脉明显。出笋期 8－9 月。

笋可食用。秆形优美，为良好的园林观赏植物。

分布：云南屏边等。

◎ 大叶方竹 *C. grandifolia*

合江方竹

C. hejiangensis C. D. Chu et C. S. Chao

本种秆箨脱落，节间被疣基，末回小枝仅具1叶，叶鞘愈合，不易剥离，可与本属其他种相区别。

分布：四川合江、贵州赤水、息峰等。

毛环方竹

C. hirtinoda C. S. Chao et K. M. Lan

秆高5 m，直径2.5 cm，方形，节间长12—16 cm。新秆密被刺毛，后渐脱落，密被疣基，甚粗糙，各节具瘤状或短刺状气根，长0.1—0.2 cm；箨环密被棕褐色粗毛。秆箨纸质，长于节间；箨叶极小。每节分枝3枚，枝环也密被毛。叶片膜质，带状披针形或披针形，长9—16 cm，宽1—1.8 cm，侧脉4—5对。

分布：贵州都匀，海拔1 600 m左右。

◎ 毛环方竹 *C. hirtinoda*

乳纹方竹

C. lactistriata W. D. Li et Q. X. Wu

秆高 4—5 m，直径 2—4 cm。幼时绿色，有紫色微小斑点，疏生脱落性的短的疣基刺毛，具枝节强烈隆起；箨环最初有紫色纤毛。箨鞘纸质，通常长于节间，暗紫色至黄褐色，具淡绿色或乳白色条纹，下部的鞘具稀疏的淡褐色疣基刺毛，余无毛，边缘密生纤毛；箨耳不发育；箨舌极小，弧形或缺；箨叶极小，狭三角形或缺。每节分枝 3 枚，实心。叶片披针形，长 8—17 cm，宽 0.8—2 cm，下面具稀柔毛。笋期 10 月。

笋供食用。

分布：贵州册亨、荔波等地。

◎ 乳纹方竹　*C. lactistriata*

寒竹

C. marmorea（Mitford）Makino

别名：刺竹。

秆直立，高 2—3 m，直径 0.5—2 cm，节间长 10—15 cm，平滑无毛，幼时略带紫色，下部节有刺状气根。箨鞘宿存或迟落，质薄，长于节间，背面有灰白色斑点，基部背面一侧具黄褐色刚毛，边缘具细毛；箨叶微小，长 0.1—0.3 cm。每节分枝 3 枚。叶片窄披针形或带状披针形，长 5—19 cm，宽 0.5—1.6 cm，两面无毛。笋期 9—10 月。

秆可作柄材或作搭瓜棚等材料。笋可食，味鲜美。

分布：广西北部。广东有栽培。

◎ 寒竹　*C. marmorea*

小花方竹

C. microfloscula McClure

秆高达 5 m，直径 1.5－2 cm，节间圆筒形，长 14－20 cm，中上部初被刺毛，后脱落。秆环在分枝节上隆起呈脊状，基部数节具刺状气生根。秆箨早落，短于节间；箨鞘无毛或有时具极稀疏刺毛，边缘具纤毛；箨舌高约 1 mm，先端具纤毛；箨叶钻状，易落。每节分枝 3 枚，枝节极为隆起。叶片长圆状披针形。

秆材作篱笆，笋可食。

分布：云南，生长于海拔 1 400－1 800 m 的阔叶林下。

刺黑竹

C. neopurpurea Yi

别名：刺竹子、刺竹、刺刺竹、牛尾竹、白油笋、牛尾笋（四川）。

秆高达 8 m，直径达 5 cm。分枝以下各节上气生根刺发达，每节可多达 24 枚。箨鞘长于节间，薄纸质，宿存，背面有稀疏棕色小刺毛，基底部分尤密，并具灰白色之小斑点。叶片较大，长达 19 cm，宽约 2 cm，背面灰白绿色，次脉 4－6 对。笋期 9 月下旬至 10 月上旬。

笋供食用，秆供造纸、各种柄、竿具及搭楼棚用。

分布：四川、陕西西部、湖北西部。栽培或野生。

刺竹子

C. pachystachys Hsueh et Yi

别名：方竹（四川古蔺）、米汤竹（四川雅安）。

秆高 3－6 m，直径 1－3 cm，基部数节节间略呈四方形或圆筒形，幼时密被黄褐色绒毛，后渐脱落，同时在节间上部具黄棕色小刺毛。箨环明显，初时被黄褐色小刺毛，分枝以下各节上具呈环状排列且尖锐而向下微弯的刺瘤状气根。箨鞘迟落或宿存，黄褐色而有灰白色之小斑块，上部具黄褐色刺毛；箨耳缺；箨舌截平形，高约 1 mm；箨叶锥形，长 0.3－0.4 cm，不易脱落。笋期 10月。

为大熊猫主食竹种。

分布：四川、云南，生长于海拔 950－2 000 m 山地。

方竹

C. quadrangularis (Fenzi) Makino

别名：箸竹、四季竹（江南各地）、四方竹、四角竹（《植物学大辞典》，均日名）、方苦竹（《江苏植物名录》）、标竹（四川）。

秆高 3－8 m，直径 1－4 cm，节间长 8－22 cm，基部秆略呈方形，秆表面有小疣状突起，秆环隆起。箨环初时具小刺毛，基部数节有刺状气根围成环状。秆箨厚纸质至革质，无毛，边缘有纤毛，背面具多数紫色之小斑点。每节分枝初为 3 枚，以后增多成为簇生，枝环极为突起。叶片披针形或窄披针形，长 10－20 cm，宽 1.5－2.5 cm，无毛，中脉在背面隆起，次脉 4－7 对，小横脉明显。笋期秋季。

秆可作手杖。秆壁虽厚，但质较脆，不适于劈篾编织。笋味可口，供食用。秆下方而上圆，乃世界著名珍种。

适合于庭园点缀或盆栽。

分布：浙江、江西、福建、湖南、四川、广西等地。现多属栽培。

◎ 方竹　*C. quadrangularis*

武夷山方竹

C. setiformis Wen

秆高 4—5 m，直径 1.5—2 cm，节间长 10—15 cm。秆灰绿色带紫色，粗糙，节下密被白色细柔毛，秆环略隆起。箨环初被褐紫色刚毛，后脱落。箨鞘宿存，长三角形，薄纸质，初为淡绿色带紫色，后褐紫色，具白色圆斑，并被倒生棕褐色疣基刺毛，边缘无毛，先端渐尖狭小；无箨耳及缝毛；箨舌弓状隆起，高 0.5 mm；箨叶极小，锥状，长仅 0.1—0.2 cm。每节分枝 3 枚，每小枝具叶 2—3 枚。叶鞘先端具粗毛，叶耳无或微弱，鞘口缝毛发达，长 12 mm，白色，纤细屈曲而直立，叶舌极短，边缘粗糙或被粗毛。叶片长 6—13 cm，宽 0.8—1.2 cm，狭披针形，质薄，两面无毛。

分布：福建崇安、武夷山、大竹岚。

八月竹

C. szechuanensis（Rendle）Keng f.

别名：川方竹、四川方竹。

秆中下部呈方形，秆之节间不具疣基，光滑，基部几节具刺状气生根；箨环幼时具绒毛，后脱落。秆箨早落，三角形，短于节间，鞘口无缝毛；箨叶短锥状，极小，长仅 0.3—0.5 cm。笋期 10 月。

笋供食用；秆供造纸、竹器之用，幼秆可加工竹麻。本种是大熊猫主食竹种之一。

分布：四川，多生于海拔 1 000—3 000 m 山地，常形成大面积天然纯林。

◎ 八月竹　*C. szechuanensis*

龙拐竹

C. szechuanensis var. *flexuosa* Hsueh et C. Li

与原变种的区别在于秆之节间“之”字形肿胀。

该变种秆畸形肿胀，当地多用之制作烟斗，十分精美，具有极高的工艺观赏价值。

分布：四川雅安等地。

永善方竹

C. tuberculata Hsueh et L. Z. Gao

别名：刺竹（云南永善）。

秆高 3－4 m，直径 1.2 cm，节间长 14－18 cm，圆筒形。新秆密被褐色小刺毛，脱落后留有瘤基而粗糙。分枝以下秆环平，节内具 4－12 枚尖锐之刺瘤状气生根。秆箨迟落，长三角形，长于节间；箨叶退化，长 0.1 cm。每节分枝 3 至多枚。叶片披针形，长 19－25 cm，宽 2.2－3 cm，次脉 6－9 对。笋期 8－9 月。

分布：云南永善、盐津、威信等地。

金佛山方竹

C. utilis (Keng)Keng f.

秆高 6－10 m，直径约 3.5 cm，节间圆筒形或略呈四方形。秆表面平滑无毛，秆环隆起。箨鞘厚纸质，矩形或长三角形，背面具淡棕色斑点，无毛；箨舌全缘；箨叶微小。秆芽呈卵形至圆锥形，各覆以鳞片，形如小笋。每节分枝 3 枚，近于水平开展。叶片质地较坚韧，长 5－14 cm，宽 1.2－2.3 cm，次脉 5－7 对，小横脉明显。笋期深秋至初冬。

笋可食用，秆作一般材用。

分布：四川、贵州，常生长于海拔 1 000 m 左右山地。

◎ 金佛山方竹　*C. utilis*

◎ 金佛山方竹 *C. utilis*

滇川方竹

C. yunnanensis Hsueh et W. P. Zhang

别名：云南方竹。

秆高 10 m，直径约 2.5 cm，节间呈四方形或有时近圆筒形，初被伏贴刺毛。秆环较平，箨环上有箨鞘残留物，并有一圈紫褐色绒毛，中部以下均具发达的刺状气生根，刺下弯。箨耳缺如；箨舌不甚明显；箨叶三角状钻形。

本种近似方竹，但本种箨环上的毛茸宿存，箨鞘背面被黄褐色小刺毛，小横脉不清晰等与之有别。

分布：云南，多生长于海拔 1 600－2 000 m 山地，在常绿阔叶林区分布较普遍。

◎ 滇川方竹 *C. yunnanensis*

四、井冈寒竹属

Gelidocalamus Wen

亮竿竹

G. annulatus Wen

别名:凤竹(贵州赤水)。

秆高 1—2.5 m,直径 1—1.5 cm,节间长 20—30 cm,略有屈曲。幼秆被细柔毛和疣点,秆环略隆起。箨环指环状隆起,节内长 4 mm。秆箨革质,宿存,远较节间为短,基部具宽 2—3 mm 指环状鞘台;箨鞘背面疏生脱落性短刺毛与白色圆斑;无箨耳;箨舌截平,粗糙,高 1 mm,先端具纤毛;箨叶狭小锥状,直立。分枝多数,枝具 2—4 节,小枝通常具叶 1—2 枚,偶见 4 枚。叶片阔披针形至矩形,长 16—27 cm,宽 1.7—3.5 cm。

分布:贵州。

◎ 亮竿竹 *G. annulatus*

台湾矢竹

G. kunishii (Hayata) Keng f. et Wen

秆高 2—6 m,直径 1—2.5 cm,节间长 20—30 cm,秆的下部节上生有气根。幼秆节下密生软绒毛,节隆起显著。秆箨革质早落,紫红色而带有淡绿,密被棕色细毛,尤以箨鞘下部最多,边缘无毛;箨耳小,具淡棕色缝毛;箨舌截形,边缘具毛;箨叶狭披针形至线状披针形,浅绿色带有紫红色,先端尖锐。每节分枝通常 3 枚,秆之上部则多枝簇生,每小枝具叶 1—3 枚或更多。叶片披针状椭圆形或椭圆形,长 10—25 cm,宽 2—3.5 cm,叶耳不明显,叶舌凸出,先端丛生短须毛。

分布:我国台湾地区,生长于海拔 300—1 200 m 山地,尤以北部和中部为多。

掌竿竹

G. latifolius Q. H. Dai et T. Chen

地下茎复轴型,秆高 1—3 m,直径 0.8—1.5 cm。新秆初深绿色,密被脱落性细刺毛,箨环具箨鞘残留物。箨鞘鲜时淡绿色,背面被脱落性刺毛,边缘具缘毛;无箨耳及鞘口缝毛;箨舌短;箨叶线状披针形,皱折不平,腹面粗糙。每节分枝 3—8 枚,粗细相近,具 2—3 节,每枝仅具叶 1 枚。叶片卵状披针形,长 14—22 cm,宽 4.5—6 cm。笋期冬季。

叶可包粽子和作雨篷、笠帽的衬垫，秆劲直可作箭杆射猎。

分布：广西融水。

箭耙竹

G. longiinternodus Wen et S. C. Chen

秆高 5 m，直径 3 cm，节间长 50－70 cm，初密被短刺毛，节平。秆箨革质，宿存，初绿紫色，密被黑褐色刺毛，边缘密生褐色纤毛；箨耳椭圆状横卧，边缘具淡黄色细缝毛；箨舌高 2－3 mm，先端钝圆，并具长 15 mm 之白色流苏状直立长纤毛；箨叶披针形，直立，无毛。分枝多数簇生，小枝初被刺毛，节下有白粉，具叶 1－3 枚，通常 1 枚。叶片阔披针形至椭圆状，长 28－40 cm，宽 4.5－5. 5 cm，下表面中脉附近具棕色细柔毛。

分布：湖南。

多叶井冈寒竹

G. multifolius B. M. Yang

秆高 1－1.5 m，直径 0.5－1.5 cm，节间长 10－26 cm，节平，节下有灰褐色短绒毛。箨鞘鲜时绿色，无斑点，除基部有稀疏褐色短绒毛外，余均无毛；无箨耳，鞘口缝毛 2－3 根；箨舌截平或微凹，高 1 mm，边缘有极短的紫色疏毛；箨叶线状披针形，反折，长 1－2 cm，宽 0.2－0.3 cm，无毛。每节分枝 4－6 枚，可不再分枝或有二三级分枝，每枝具叶 2－4 枚。叶片披针形或矩圆形，长 8－14 cm，宽 1.5－2.5 cm，背面有微毛。

分布：江西。

红壳寒竹

G. rutilans Wen

别名：小叶箬竹（浙江）。

秆高 1 m，直径 0.3－0.6 cm。新秆密被白色脱落性绵毛，无白粉。箨鞘初淡红色，被淡棕色至棕褐色粗毛，边缘无毛，先端近截状或钝圆；无箨耳；箨舌高 1 mm，略呈弧状，边缘具细纤毛；箨叶近锥状，基部宽为箨舌 1/3。分枝纤细，近相等。叶片长 18－27 cm，宽 2.2－3 cm。

分布：浙江江山。

实心短枝竹

G. solidus C. D. Chu et C. S. Chao

秆高 2 m，直径 1 cm，节间长达 33－42 cm，实心。新秆绿色，被短毛，秆环隆起。秆箨宿存，背面被紫褐色硬毛，无斑点，边缘生有紫褐色纤毛；箨耳小，密被灰色柔毛，缝毛放射状，长约 5 mm；箨舌隆起，边缘有纤毛；箨叶线状披针形，长约 2.5 cm。每节分枝 4—5 枚，枝长 5—20 cm，具 3—4 节，枝鞘宿存。每枝具叶 1—2 枚或 3 枚，叶鞘初具白色柔毛。叶片宽披针形，长 12—23 cm，宽 2.5—4.5 cm。

秆劲直，可作瓜菜架或围篱。叶片用作粽叶和雨篷、笠帽的衬垫等。

分布：广西融水的九万大山。

井冈寒竹

G. stellatus Wen

秆高 2 m，直径 0.8 cm。幼秆绿色无毛，节下有白粉，箨环具秆箨残留物。箨鞘宿存，外表面无毛；箨舌短截状；箨耳微弱，边缘有短缝毛四射；箨叶锥状，长 5—12 cm。分枝簇生，小枝纤细，每枝仅具叶 1 枚。叶片披针形至阔披针形，长 12—17 cm，宽 1.3—2.2 cm。寒露出笋，故名“寒竹”。

笋供食用。竹姿潇洒，具观赏价值。

分布：江西井冈山。

◎ 井冈寒竹 *G. stellatus*

抽筒竹

G. tessellatus Wen et C. C. Chang

秆高 3 m，直径 1 cm。幼秆节下密被白色绒毛，老秆节间有硬毛疏生，箨环秃净。箨鞘革质，具疏生硬毛，近基部处并被细绒毛，有紫褐色方形块斑，边缘具纤毛，先端有白色细绒毛；无箨耳，偶见少数缝毛直立；箨舌短弧形，密被细柔毛；箨叶锥状，长 1.3 cm。每节分枝 12 枚，每枝仅 1 叶。叶片阔披针形，长 19—23 cm，宽 2.4—3.2 cm。冬季出笋。

分布：贵州荔波、江西等地。

五、大节竹属

Indosasa McClure

黄白竹

I. acutiligulata Z. P. Wang et G. H. Ye

别名: 摆竹。

秆高约 3.5 m,直径 7 mm,节间长达 26 cm,分枝之一侧具沟槽,节中度隆起。幼秆绿黄色,有黑色细点。箨鞘早落,薄革质,黄中带紫色,上部被白粉,下部的箨鞘于基部有向上或开展的棕色刚毛及密集的棕色小斑点,边缘具纤毛;箨片外翻,卵形或卵状披针形,淡黄色有紫边;箨耳小型或有时缺,绿紫色,缝毛短,褐紫色或淡棕色;箨舌尖拱形,淡黄色,边缘紫色,有短纤毛。

末级小枝仅具 1 叶,叶鞘紧卷呈小枝状,长约 4.5 cm。叶片线状长椭圆形,长 12－18 cm,宽 2－2.5 cm,先端芒尖渐尖,基部圆形或广楔形,侧脉 5 对,小横脉两面均明显;叶柄长 8－12 mm,宽 1.5 mm。笋期 4 月。

笋可食,但味略苦。

分布: 产广东省连山县禾洞乡禾洞农场,生长于山沟林中。

◎ 黄白竹
I. acutiligulata

甜大节竹

I. angustata McClure

秆高 14 m，直径 10 cm。新秆淡绿色，疏生白色柔毛，脱落后则光滑；老秆灰绿色，中部节间长 40－50 cm；秆环微突起。箨鞘薄革质，向上渐窄，先端钝圆或近平截，新鲜时淡绿色，干后淡褐色，脉纹明显，脉间被褐色刺毛，边缘中部以上具褐色缘毛；箨耳不发育，鞘口缕毛少数，平直，长 10－15 mm，易落；箨舌隆起，背面密被短硬毛，先端屋脊状，边缘具流苏状纤毛；箨叶淡紫红色，中间绿色，披针形，开展，两面具短硬毛，粗糙。

笋味鲜美，秆可作棚架等材料。

分布：广西南部局部山沟有少量分布，多生长于海拔 700 m 左右的常绿阔叶林下。

大节竹

I. crassiflora McClure

别名：苦竹。

秆高 5 m，直径 4 cm，无毛，微被白粉，节下较多，中部节间长 40－65 cm。秆壁厚，近实心；秆髓笛膜状；秆环甚隆起，曲膝状。秆箨褐色，一侧肿胀，极不对称，密被浅褐色刺毛，基部尤密，无缘毛，箨顶端常拱起；无箨耳，鞘口缕毛少数，弯曲，易落；箨舌截平，高约 2－3 mm，背面密生细毛，边缘常有缺齿；箨叶小，窄三角状披针形，皱褶外翻，两面被短硬毛，粗糙。

秆硬实，常作棚架建筑材料。

分布：广西东兴，多见于低海拔较空旷的低山丘陵地。

算盘竹

I. glabrata C. D. Chu et C. S. Chao

秆高 3 m，直径 2 cm，无毛，除节下以外均无白粉。初时绿色，成熟后黄绿色。节间长 20－30 cm，秆髓圆环状增厚，秆环和箨环十分隆起，呈曲膝状。秆箨迟落，棕绿色，无毛或极稀疏地散生着易落的白色粗毛；箨耳和鞘口缕毛不发育；箨舌弓形，高约 1－2 mm，近无毛；箨叶小，三角状披针形。

秆可作围篱用，笋可食。

分布：本种仅在广西上思十万大山北坡发现。

◎ 毛算盘竹 *I. glabrata* var. *albo-hispidula*

毛算盘竹

I. glabrata var. *albo-hispidula* （Q. H. Dai et C. F. Huang）C. S. Chao et C. D. Chu

别名：满山跑。

秆高 2—4 m，直径 1—3 cm。幼时密被白色粗毛，略粗糙；成熟秆为棕色或黄绿色，髓圆环状增厚，节间长 15—20 cm，秆环极隆起。秆箨绿色，干后淡黄色，短于节间，背面脉间被白色粗毛；箨耳不发育，鞘口缕毛纤细，长 5—8 mm；箨叶绿色，披针形，外翻，两面无毛。

秆可作造纸原料或围篱用。

分布：广西南部低海拔地区，组成纯林或在林下生长。

浦竹仔

I. hispida McClure

别名:蒲竹(《西双版纳植物名录》)、小野苦竹(勐腊,景洪)。

秆高约 3 m,直径 1.5—2 cm,节间长 20—30 cm。幼时密生白色或淡黄色小刺毛,秆环极隆起成一圆脊,光滑,箨环微隆起;节内长 6—7 mm,无毛;节下常具白粉。秆箨迟落,厚纸质,长圆状披针形;箨鞘背面纵筋明显,被有贴生之棕色刺毛,基部刺毛密集;箨耳发达,镰刀状,边缘具被有绒毛之棕色燧毛;箨舌圆弧形,边缘具短缘毛;箨叶披针形,腹面被细绒毛,外翻。

分布:云南景洪、勐腊及广东等地,常生于海拔 1 000 m 以下的低山丘陵。

粗穗大节竹

I. ingens Hsueh et Yi

秆高达 6 m,直径 1—3 cm,节间长 30—40 cm,深绿色或紫绿色,上部被贴生的黄褐色细刺毛。秆环于分枝各节显著隆起成脊，箨环微隆起，节下具 5—10 mm 宽之黑粉质污垢。秆箨早落,矩圆形,革质,密被黄褐色刺毛,鞘口微凹;无箨耳及燧毛;箨舌截平或微凹,边缘整齐,高 1—1.5 mm;箨叶外翻,卵状三角形至长三角形,长 2—5 cm,宽 0.8—2 cm,背面秃净,内部稍粗糙。

秆作棚架、围篱等用。笋味苦,但漂洗后可食。

分布:云南马关。生长于海拔 900—1 600 m 的荒山溪沟地。

◎ 粗穗大节竹 *I. ingens*

黄秆竹

I. levigata Z. P. Wang et Q. H. Ye

秆高 3－5 m，直径 1－2 cm，节间长 15－27 cm，幼时节下具白粉。箨鞘厚纸质，绿黄带肉红色，被白粉，背部偶有细斑点，疏生刺毛，基部密生紫红色刺毛，顶端钝圆；无箨耳及鞘口缝毛；箨舌微弧形，中部隆起，高 1－1.5 mm，边缘具短纤毛；箨叶三角状卵形至披针形，直立或开展。每小枝仅具 1 叶。叶片长椭圆形，长约 17－23 cm，宽 3－4 cm。笋期 5 月。

分布：湖南。

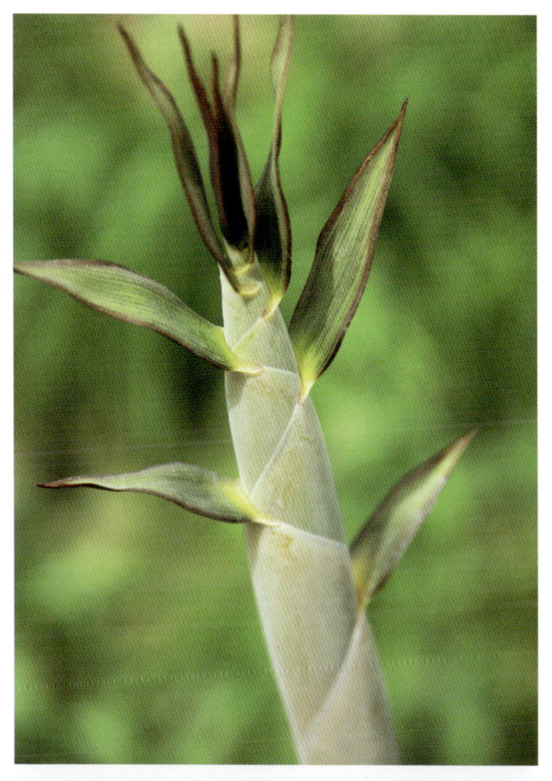

◎ 黄秆竹 *I. levigata*

荔波大节竹

I. lipoensis C. D. Chu et K. M. Lan

秆高 10 m，直径 3－4 cm。新秆密被短刺毛，无白粉，节间长 30－40 cm。秆箨脱落性，红褐色或棕褐色，密被棕色簇生刺毛；箨耳发达，半圆形，两面具短糙毛，缕毛放射状，长达 7－9 mm，卷曲；箨舌微弧形，高 2－3 mm，先端具短纤毛；箨叶三角状披针形或窄三角形，绿色，直立或开展，两面疏生刺毛，下部边缘具波状皱折和刺毛。每节分枝 3 枚，开展，枝节甚隆起，曲膝状。每小枝具叶 2－4 枚，叶耳小，疏生直立缕毛，易脱落。叶片长 8－15 cm，宽 1－2.3 cm。

分布：贵州荔波、尧排。

棚竹

I. longispicata W. Y. Hsiung et C. S. Chao

秆高 10－15 m，直径 4－6 cm。新秆密被白色倒生短硬毛，粗糙，节间下半部密被白粉，中部节间长 40－50 cm，髓呈絮状增厚，秆环与箨环均中等隆起。箨鞘薄革质，淡红褐色或黄褐色，干时淡黄褐色，秆上部秆箨及小笋箨呈绿色，背面密被白粉，疏生直立褐色刺毛，边缘具褐色缘毛；箨耳小，鞘口缕毛短，放射状；箨舌极短，屋脊状，边缘具极短的纤毛；箨叶鲜绿色，三角形至带状披针形，直立，两面具极短的硬毛。

秆适作棚架。

分布：广西融水、融安、金秀等地山区，多生长于常绿阔叶林下。

小叶大节竹

I. parvifolia C. S. Chao et Q. H. Dai

秆高 6 m，直径 3.5 cm，新秆密被白色短刺毛，粗糙，仅节下具白粉环，其余均无白粉，中部节间长 25－40 cm，秆环甚隆起，曲膝状。秆箨橘黄色，短于节间，先端较宽，脉纹明显，脉间密被棕色簇状刺毛，后渐脱落至近无毛，被白粉；箨耳发达，镰刀形或耳形，长 1 cm，宽 0.5－0.6 cm，鞘口缕毛多数，放射状，长 10－15 mm；箨舌极短，高约 1 mm，先端微弧形或近平截，边缘具纤毛；箨叶绿色，三角形或三角状披针形，开展，两面被短硬毛，略粗糙。

秆可作围篱。

分布：广西南部，多生长于海拔 600 m 左右的向阳山坡。

横枝竹

I. patens C. D. Chu et C. S. Chao

别名：胖竹。

秆高 12 m，直径 8－10 cm。新秆具紫色细脉纹，密被白色倒毛，粗糙，中部节间长 40－60 cm，髓具薄片状横隔。秆环稍隆起，比箨环略低，节内约 1 cm。秆箨短于节间，淡紫红色或紫褐色，上部秆箨绿褐色，被白粉，脉间具棕色直立刺毛，边缘具淡褐色缘毛；箨耳较小，皱缩，鞘口缝毛粗而密，长 10—15 mm；箨舌平截或微隆起，高约 2—3 mm，边缘具棕色纤毛；箨叶三角形或三角状披针形，较宽，绿褐色，背面被倒生短毛，腹面稍粗糙。

秆作棚架、小建筑材料；笋可食。

分布：广西北部，多生长于低山丘陵地区，常见于常绿阔叶林内。

倭形竹

I. shibataeoides McClure

秆高 0.5—2 m，直径 0.5—0.8 cm，节间长 10—20 cm。幼秆微被白粉，节下具窄白粉环，下部秆正常，秆环平，箨环微隆起；中上部秆环突起并曲膝以至诸节间作强“之”字形曲折。秆箨早落，黄绿色转棕黄色，初具白粉，先端窄，箨舌高 0.5—1 mm，平截；箨耳由箨叶基部延伸而成，微弱，具少数纤细的缝毛；箨叶三角形，反转，鲜时为玫瑰色，腹面粗糙。每节分枝 3 枚，小枝短，亦呈“之”字曲折。通常每枝具叶 1—2 枚，如为 2 叶时，下方叶因叶鞘较长，故伸在上方 1 叶之上。叶片长圆状披针形，长 5—15 cm，宽 1.5—3 cm。笋期 5 月。

植株矮小，秆枝“之”字形曲折，笋期尤美，为观赏或盆栽之佳品。

分布：广东。浙江有引种栽培。

◎ 倭形竹 *I. shibataeoides*

江华大节竹

I. spongiosa C. S Chao et B. M. Yang

别名：三叉竹。

秆高 5－8 m，直径 1－6 cm，中部节间长 20－35 cm，节稍膨大呈曲膝状。新秆节部上下具白粉。箨鞘早落，纸质，短于节间，先端平截，背面具隆起的纵条纹和稀疏的疣基刺毛，边缘有紫色缘毛；无箨耳及繸毛；箨舌短，高约 1 mm，背面密被褐色短绒毛；箨叶披针形，两面粗糙，两边上部有白色短纤毛。分枝通常 3 枚，有时下部分枝 1－2 枚，开展，每小枝具 3－5 叶；叶耳不发育或微弱，繸毛少，白色，多少有曲折，亦或无繸毛；叶柄被黑褐色短绒毛。叶片长 5－17 cm，宽 1.2－2.5 cm，披针形或矩圆状披针形。

中型竹，可用作晒衣叉、晒竿、扫帚柄、瓜菜棚架；篾性好，供编织；形态优美，可供庭园观赏。

分布：湖南江华、广西、贵州南部和云南南部、东南部等。

◎ 江华大节竹
I. spongiosa

六、箬竹属

Indocalamus Nakai

具耳箬竹

I. auriculatus（H. R. Zhao et Y. L. Yang）Y. L. Yang

秆高 0.5－2.5 m，直径 0.2－0.7 cm，节间长 8－25 cm，鲜时绿色微被白粉，具黄棕色疣基刺毛，尤以节下较密，箨环下具一圈灰白色或灰褐色污粉。秆箨墨绿色转枯草色，背面被棕色刺毛；箨耳镰刀状，具缝毛；箨舌微弱；箨叶直立，后外翻。叶片长 25－30 cm，宽 3－6 cm，背面中脉基部具毛。

分布：四川，分布于海拔 1 400－2 400 m 之间的区域。

髯毛箬竹

I. barbatus McClure

别名：蓬叶竹。

秆高 1.5 m，直径 0.5－1 cm，实心或近实心，节间长 30－40 cm。幼时密被粗毛，以后逐渐脱落；节较平，密被一圈向上的淡褐色粗长毛，节内宽约 10 mm。箨鞘宿存，短于节间，长 10－15 cm，新鲜时绿色，背面密被淡褐色长粗毛；箨耳极发达，镰刀形，长 1.5－2 cm，宽约 0.5 cm，边缘缝毛发达，长 20－30 mm，淡褐色，放射状；箨舌矮，先端截平或微凹，边缘密被流苏状纤毛，毛长 20－30 mm；箨叶椭圆状披针形，开展或反折，易脱落，两面近无毛。

秆作竹筷、毛笔杆等，叶片可作斗笠、船篷衬垫。

分布：广西金秀海拔 500 m 左右山地。

◎ 髯毛箬竹 *I. barbatus*

巴山箬竹

I. bashanensis (C. D. Chu et C. S. Chao)H. R. Zhao et Y. L. Yang

别名:巴山赤竹。

秆高 2－3 m,直径 1－1.5 cm,节间长 30－40 cm,被易落的短硬毛,并被白粉,秆环显著膨大。秆箨褐色,宿存,密被棕色硬毛;无箨耳及缝毛;箨舌高 2－4 mm,近平截;箨叶狭披针形,反转。每节分枝 1 枚。叶片椭圆状披针形,长 25－35 cm,宽 3－8 cm。

分布:陕西、四川。

◎ 巴山箬竹 *I. bashanensis*

峨眉箬竹

I. emeiensis C. D. Chu et C. S. Chao

秆高 1－1.5 m,直径 0.5－0.8 cm。新秆贴生白色短硬毛,节间上部具红棕色倒毛,节间长约 30 cm。秆箨宿存,长不及节间的 1/2,褐色,密被棕色倒毛,边缘具整齐的褐色纤毛;箨耳发达,新月形,长约 0.6－0.7 cm,缝毛放射状,长 10－20 mm;箨叶三角状披针形,不抱基;箨舌高约 1 mm,先端具粗纤毛。叶片宽带状披针形,长 18－40 cm,宽 3.5－6.5 cm,两面无毛。

分布:四川。

◎ 广东箬竹 *I. guangdongensis*

广东箬竹

I. guangdongensis H. R. Zhao et Y. L. Yang

别名:黎竹(广东)。

秆高 1.5－3.5 m,直径 0.8－1.5 cm,节间长 30－40(60)cm。幼秆被白粉和贴生白色细毛。秆箨宿存,短于节间,鲜时绿色,被白粉和贴生黑褐色疣基刺毛;箨耳小,镰刀形,具缝毛;箨舌高 0.5－1 mm,截平形;箨叶卵状披针形,抱茎,基部与鞘顶等宽,鲜时绿色,很快转枯草色。叶片卵状披针形,长 30－40 cm,宽 5－8 cm,两面无毛。

分布:贵州、广东。江苏有引种。

◎ 广东箬竹 *I. guangdongensis*

柔毛箬竹

I. guangdongensis var. *mollis* H. R. Zhao et Y. L. Yang

与原变种的区别在于叶片下面中脉一侧有 1 行密生短柔毛，小横脉呈方格形。

粽巴箬竹

I. herklotsii McClure

别名：光箨箬竹。

秆高 1—2 m，直径 0.5—0.8 cm，节间长 20—30 cm，秆近实心。秆箨迟落，革质，短于节间，初被白粉，基部具脱落性暗棕色毛环；箨耳微弱或缺失，繸毛粗糙或无；箨舌近截形，高 0.5—1 mm；箨叶直立，卵状披针形，抱茎，鲜时玫瑰色，后转枯草色。叶片长圆状披针形，长 15—30 cm，宽 3—6 cm，两面无毛。笋期 5 月。

用途同阔叶箬竹，作观赏亦佳。

分布：广东、香港、广西、湖南。浙江、江西有引种栽培。

多毛箬竹

I. hirsutissimus Z. P. Wang et P. X.Zhang

秆高约 3 m，直径 1—2 cm，节间长达 40 cm，密被暗褐色的疣基刺毛及白色柔毛，尤以节下毛特别密集。节强烈隆起，秆环呈脊状。箨鞘革质，长为节间的 1/2，橙黄色，密被暗褐色刺毛，底部具棕黄色柔毛，外侧边缘具纤毛；箨耳大，半圆形，反曲，具放射状繸毛，长达 20 mm；箨舌弧形或截平，偏斜，高 2—3 mm，边缘撕裂状，先端纤毛长达 10 mm，背部覆以暗褐色柔毛；箨叶披针形，反转，脱落性，腹面基部密生淡黄色微刺毛。每节分枝 1 枚。叶片长 15—28 cm，宽 1.5—2.5 cm，下面全被柔毛。笋期 5—6 月。

分布：贵州。

光叶箬竹

I. hirsutissimus var. *glabrifolius* Z. P. Wang et N. X. Ma

不同于原变种处在于叶下面无毛或几无毛。

毛鞘箬竹

I. hirtivaginatus H. R. Zhao et Y. L. Yang

秆高 2 m，直径 0.8—1 cm，节间长 12—30 cm。幼秆具白色短柔毛或无毛，被白粉，节下密被褐色短柔毛，白粉明显。箨鞘革质，长于节间，绿色，先端具紫色，密被深褐色瘤状突起的糙硬毛；无箨耳或微弱，具流苏状缝毛；箨舌高 0.7－1.5 mm，被微柔毛，边缘具粗糙纤毛；箨叶直立，线状披针形。叶片矩圆状披针形，长 19－34 cm，宽 4.5－7 cm，两面无毛。

分布：江西瑞金。

硬毛箬竹

I. hispidus H. R. Zhao et Y. L. Yang

秆高 1－3.5 m，直径 0.3－1.2 cm，节间近圆筒形，长 15－35 cm，鲜时绿色，被白粉，贴生红褐色瘤状刺毛，节下密被贴生的红褐色疣基硬毛。箨鞘革质，短于节间，淡黄绿色，密被贴生的红褐色硬毛；无箨耳及缝毛；箨舌截平形，高 1－3 mm，无毛；箨叶矩圆状披针形或披针形，长 0.6－3 cm，直立后反转。叶片矩圆形，先端渐尖，长 11－28 cm，宽 4－6.5 cm，上面无毛，下表面具短柔毛及灰白色的乳头状突起。

分布： 四川丰都海拔 1 600－1 900 m 区域。

湖南箬竹

I. hunanensis B. M. Yang

秆高 1－2 m，直径 0.4－0.8 cm，节间长 20－25 cm，黄绿色，有细纵纹，被棕色疣基刚毛及白色短柔毛，尤以新秆节下最密；箨环显著，常有一圈木栓状残留物。箨鞘宿存，坚硬而脆，长为节间的 1/3－2/3，被白色微毛，中下部并具黄棕色疣基刚毛，边缘具纤毛；箨耳发达，长镰刀形，抱基或螺旋状扭曲，边缘具 15 mm 长的黄褐色流苏状刚毛；箨舌极短，高约 1 mm，呈浅弧形；箨叶线状披针形，直立或下部者外翻，绿色略带黄色，基部不收缩。叶片矩圆状披针形，长 10－28 cm，宽 4－7 cm，两面无毛。笋期 6－8 月。

分布：湖南。

泡箬

I. lacunosus Wen

秆高 1 m 以上，直径 0.8 cm，秆环平，幼秆节上有细毛，无白粉。秆箨绿黄色，薄纸质，柔韧，不紧抱幼秆，与幼秆有膨大中空，背面被直立褐色刺毛，边缘有纤毛；无箨耳及缝毛；箨舌截平或略隆起，表面有糙毛，边缘无毛；箨叶宿存，质薄而柔软，披针形，直立，无毛。叶片阔大，长 10－30 cm，宽 2－5 cm，背面具微毛。

秆可作毛笔杆，叶可制作斗笠、船篷及包粽子用。

分布：福建崇安。浙江有栽培。

阔叶箬竹

I. latifolius (Keng) McClure

秆高 1—1.5 m，直径 0.5—0.7 cm，中部节间长 10—20 cm，微具毛，节下有淡黄色粉质毛环。秆箨宿存，质坚硬，短于节间，背面具棕色小刺毛，边缘有纤毛；无箨耳，鞘口有短燧毛；箨舌截平，高 0.5—1 mm，有纤毛；箨叶细小，条状披针形。叶片大，长 10—30 cm 或更长，宽 2—5 cm，背面灰绿色，具微毛。

秆可作笔杆、竹筷，叶可制斗笠、船篷及作粽叶等用。

分布：浙江、江苏、安徽、山东、湖南及西南等地，多生长于荒坡或林下。

◎ 阔叶箬竹 *I. latifolius*

箬叶竹

I. longiauritus Hand. -Mazz.

别名：箬竹、粽粑竹（广西），长耳竹、粽叶竹、寮叶竹、长耳箬竹（江苏），寮竹（湖南）。

秆高 1－3 m，直径 0.5－1 cm，节间长 10－15 cm，幼时无毛或被小刺毛，节下被淡褐色毯毛状毛环，节较平，节内长 3－5 mm。箨鞘鲜时褐绿色，长 10－12 cm，背面中下部贴生棕色刺毛；箨耳发达，向两侧延伸，镰刀形，缝毛长 5－8 mm，多数褐色，波曲状；箨舌截平形或微拱曲，高 1－2 mm，边缘具流苏状褐色毛；箨叶直立，长三角形或长圆形，顶端渐尖，基部圆形。叶片大，长 10－35 cm，宽 2－8 cm，背面具微毛。

秆可作竹筷或毛笔杆，竹叶作粽叶或斗笠和船篷衬垫。

分布：河南、湖南、江西、四川、贵州、云南、广东、广西、福建、浙江等地。

◎ 箬叶竹　*I. longiauritus*

衡山箬竹

I. longiauritus var. *hengshanensis* H. R. Zhao et Y. L. Yang

与原变种的区别在于箨耳半镰刀形，叶片的中脉一侧有1行柔毛。

分布：湖南。

半耳箬竹

I. longiauritus var. *semilalcatus* H. R. Zhao et Y. L. Yang

与原变种的区别在于箨耳及叶耳均为半镰刀形，叶片下面的中脉两侧无毛。

分布：四川。

锦帐竹

I. pseudosinicus McClure

秆高2 m，枝条节间细长，节下被密集和向上紧贴柔毛，其余无毛和光亮；秆环膨大，箨环微突。叶鞘无毛，边缘无毛或具黑棕色睫毛；叶耳不发育，具6—8枚繸毛，长约10 mm左右，平直；叶舌极短，叶柄短。叶片长达23.5 cm，宽3.2 cm，长圆状披针形，先端突尖或渐尖，基部突然渐尖，两侧边缘具刺。

本种与水银竹极相似，其区别在于本种枝条和小枝的节下被有向上紧贴的短柔毛；圆锥花序具较短的梗；小穗纤细等。

分布：海南保亭。

密脉箬竹

I. pseudosinicus var. *densinervillus* H. R. Zhao et Y. L. Yang

与原变种的区别在于叶片小横脉密集成方形。

方脉箬竹

I. quadratus H. R. Zhao et Y. L. Yang

秆高2.7—3.3 m，直径0.8—1.1 cm，节间长22—26 cm。新秆密被深褐色糙伏毛和粉状物，节隆起。箨鞘宿存，下部比节间短，绿紫色，密被向上的暗紫褐色刺毛，边缘密生深褐色纤毛；箨耳镰刀状，长约1.5 cm，褐色，具长20 mm的放射状膝曲的黄褐色繸毛；箨舌截形至凸状，高2—2.5 mm，深紫色，边缘流苏状毛长12—16 mm或更长；箨叶直立或反转，绿色，带状三角形，基部收缩。每小枝具叶6—7枚。叶片矩圆状披针形，长8. 5—24.5 cm，宽5. 6—7. 2 cm。

分布：湖南东安大坳。

水银竹

I. sinicus (Hance) Nakai

本种与阔叶箬竹相近似，但该种竹秆每节常仅具1同粗的分枝，或通常不具分枝，小枝常具叶5—9枚，每小穗有3—4朵小花。

常作观赏用。

分布：广东。

箬竹

I. tessellatus (Munro) Keng f.

别名：楣竹（《齐民要术》）。

秆高1—2 m，直径0.4—1 cm，秆壁较厚，节下有淡黄色粉质毛环，秆环较平，中部节间长20—30 cm，新秆被白粉和灰白色细毛。秆箨宿存，黄褐色，质坚硬，远较节间为长，背面有伏贴褐色刺毛，边缘有纤毛；无箨耳，鞘口有少数繸毛；箨舌弧形，有纤毛，高1—2 mm；箨叶窄披针形，直立。

叶片大，可作粽叶及船篷、斗笠等衬垫。

分布：浙江、安徽、福建、湖南。

◎ 同春箬竹 *I. tongchunensis*

同春箬竹

I. tongchunensis K. F. Huang et Z. L. Dai

秆高约 1.5 m，直径 0.5 cm，节间圆筒形，黄色，光亮，微被白粉。秆箨宿存，光亮，背面无毛，边缘具棕色长纤毛；无箨耳和繸毛；箨舌高 2 mm，质硬，截形或弧形，先端无毛；箨叶长于箨鞘 1－1.5 倍，直立，质薄，长披针形，基部心形收缩，无毛。秆上部每节分枝 1 枚，枝粗壮，分枝角度甚小，每枝具叶 3－7 枚。叶片椭圆形或披针状椭圆形，下面被灰白色柔毛，尤以中脉两侧为密。

分布：福建漳平，生于海拔 850 m 的阔叶林下。

胜利箬竹

I. victorialis Keng f.

秆高 1－1.5 m，直径 0.5－0.8 cm，节间最长达 20 cm，节内长约 5 mm，秆环微隆起。箨鞘宿存，远较节间为短，革质或厚纸质，下部者遍生柔毛，基部且有向下之棕色柔毛，边缘生纤毛；箨舌高约 1 mm，先端平截，背面具微毛；箨叶细长形。每节分枝 1 枚，稀可 3 或 4 枚，贴生于主秆上；每小枝具叶 1－4 枚。叶片披针形，长 14－23 cm，宽 2.5－4 cm，先端渐尖并延伸为一细尖头，叶舌截平形，边缘生纤毛，背面具微毛。

分布：四川。模式标本采自重庆歌乐山。

鄂西箬竹

I. wilsoni（Rendle）C. S. Chao et C. D. Chu

秆高 0.3－0.9 m，直径 0.2－0.4 cm，节间长 4－12 cm，平滑无毛，幼时有白色柔毛，箨环平，秆环平或稍隆起。箨鞘厚纸质，紧抱秆，淡棕红色或稻草色，背面密生易落之白色绒毛，近外缘密生脱落性纤毛；无箨耳；箨舌短，高约 0.6 mm；箨叶微小，长卵状披针形或长三角形，基部稍收缩。枝箨干后橙红色，每小枝具叶 3（稀 4 或 5）枚，叶舌发达，高 2.5－9 mm。叶片椭圆状披针形，长 6－17 cm，宽 1.5－4.7 cm，下表面灰绿色，有疏毛。

分布：湖北。

巫溪箬竹

I. wuxiensis Yi

别名：寮竹子（四川）。

秆高 1－2 m，直径 0.4－0.6 cm，节间长 15－20 cm，幼时节下具棕色小刺毛，无白粉或偶微被白粉。箨鞘宿存，革质，短于节间，淡黄褐色，被淡黄色或棕色刺毛，边缘初时有淡黄褐色小刺毛；箨耳镰刀形，易脱落，边缘有繸毛；箨舌截平形或微凹，无毛，高约 0.7 mm；箨叶线状披针形，外翻或直立，基部远较箨鞘顶端为窄。每节分枝 1 枚，近直立。叶片披针形或矩圆状披针形，长 9－17 cm，宽 2－4 cm。笋期 6 月。

分布：四川。

◎ 巫溪箬竹 *I. wuxiensis*

七、少穗竹属

Oligostachyum Z. P. Wang et G. H. Ye

屏南少穗竹

O. glabrescens（Wen）Keng f. et Z. P. Wang

别名：赐竹、屏南唐竹。

秆高1－2 m，直径0.7－1 cm，节间长20－30 cm，初被白粉，无毛。箨鞘淡绿色转枯草色，光滑无毛，具白粉，先端窄；箨耳缺失或微弱，边缘有短缝毛2－3根；箨舌高1 mm，先端略呈弧形，具短柔毛，膜质；箨叶狭长锥形，通常反转。每节分枝3枚，叶片披针形，长9－11 cm，宽1.1－1.5 cm，边缘有锯齿，背面具细柔毛。笋期5月。

分布：福建。浙江有栽培。

细柄少穗竹

O. gracilipes（McClure）G. H. Ye et Z. P. Wang

秆高达2 m，直径1 cm，节强度膨大，节间大多紫色，幼秆被倒向白色疏柔毛。箨鞘迟落，被灰白色贴生刚毛和隆起的条纹，毛脱落后呈疣状突起；箨耳及鞘口缝毛缺失；箨舌高达2 mm，背部具糙硬毛，顶端截平或拱凸，边缘无毛或具极微弱纤毛；箨叶直立或开展，线状披针形，长渐尖，两面略粗糙。叶片矩圆状披针形，长7－20 cm，宽1.1－1.8 cm。

分布：海南。

凤竹

O. hupehense（J.L.Lu）Z. P. Wang et G. H. Ye

秆高达5.5 m，直径1－2.5 cm，节间最长32 cm。新秆淡紫绿色，有倒生白色小刺毛，秆环极隆起，箨环具箨基残留物并具脱落性毛环，节下具白粉环。箨鞘纸质，草绿色，有紫脉纹，短于节间，背面着生脱落性褐色平伏小刺毛，边缘具褐色毛，基部具一圈褐色毛环；无箨耳及缝毛；箨舌弧形，淡褐色，先端有白色纤毛；箨叶条状披针形，基部密生褐色短毛丛，直立，边缘具褐色毛。每节分枝通常3枚，后增至4－5枚。叶片披针形，长6－15 cm，宽0.6－1.6 cm，仅背面基部有时具疏柔毛，叶鞘被毛。笋期4月下旬。

分布：湖北。

云和少穗竹

O. lanceolatum G. H. Ye et Z. P. Wang

秆高约4.5 m，直径2－3 cm，节间长达26 cm。幼秆初紫绿色，节下具白粉，节内长约3 mm。箨鞘早落，深绿色，具淡黄绿色脉纹，边缘无缘毛，顶部紫色，干后淡棕色，边缘暗灰色，背面具褐色刺毛，毛脱落后呈乳头状突起；箨耳及刚毛缺失；箨舌紫色，弓形，背面近无毛，边缘微波状且无缘毛；箨叶披针形，深绿色，顶端微紫色，开展或反转，基部渐渐向中间收缩，顶端渐尖，边缘具缘毛。每节分枝3枚，开展。小枝，具叶2－3枚。叶片长圆状披针形至披针形，长16 cm，宽1.6 cm。

分布：浙江。

四季竹

O. lubricum (Wen) Keng f.

秆高 5 m，直径 1—2 cm，节间长约 30 cm。幼秆无毛，无白粉，分枝之节间半圆筒形或扁平。箨鞘绿色，边缘染有紫色，疏生有白色至淡黄色脱落性刺毛，边缘具纤毛；箨耳紫色，卵状或偶见镰刀状，具粗直之缝毛；箨舌紫色近截状，有紫色短纤毛；箨叶绿色，阔披针形，基部收缩，先端渐尖，边缘具纤毛。每节分枝 3 枚，粗细近相等，扁平，每枝具叶 3—4 枚，叶耳紫色，縫毛四射，叶舌紫色截状。叶片披针形，长 10—15 cm，宽 1.5—2.2 cm。笋期 5—10 月。

笋可食，是夏、秋笋用竹。

分布：浙江、江西、福建。

◎ 四季竹 *O. lubricum*

林竹仔

O. nuspiculum (McClure) Z. P. Wang et G. H. Ye

秆高达 2 m，直径 1 cm，节非常膨大并常膝曲，节间圆筒形。分枝纤细，在秆中部常为 3 或 5 枚。叶片线状披针形，长 5—14.5 cm，宽 0.5—0.9 cm，叶鞘具微隆起的条纹、无毛，叶耳及缝毛不明显，叶舌小、高 1—3 mm，背面被糙硬毛。

分布：海南。

肿节少穗竹

O. oedogonatum (Z. P. Wang et G. H. Ye) Q. F. Zheng et K. F. Huang

别名：肿节苦竹、肿节竹、树竹仔（福建）。

秆高 5 m，直径 1—2.5 cm，节间长约 30 cm。老秆灰绿色，新秆暗绿色，被白粉，分枝一侧扁平达节间一半，秆环强烈隆起呈肿胀状态。箨鞘纸质或厚纸质，绿色带紫，微被白粉，中下部鞘具稀疏之疣基刺毛；箨耳小，狭镰刀形，易落，缝毛少数；箨舌高约 3 mm，中部拱凸，边缘几无毛；箨叶外翻，三角状披针形。每节分枝 3—5 枚或更多。叶片条状披针形，长 13—25 cm，宽 0.7—3.9 cm。笋期 5 月初。

叶形优美，秆节肿胀，可作观赏竹用。

分布：福建、江西。浙江有栽培。

◎ 肿节少穗竹 *O. oedogonatum*

多毛少穗竹

O. puberulum (Wen) G. H. Ye et Z. P. Wang

秆高 7 m,直径 3 cm。幼秆节间具淡黄色粗毛,并有细纵脉隆起。节下有明显的猪皮状凹孔,箨环木栓质隆起,高 1 mm。秆环隆突具脊。每节分枝 3－5 枚,初被粗毛,小枝具叶 2－3 枚。叶片披针形,较小而质厚,长 9－19 cm,宽 1－1.8 cm,下表面被细柔毛。叶耳发达,镰刀状伸出。缝毛发达,有时则叶耳缺如,仅具少数粗直的肩毛,直立。叶舌截状或弓状,先端边缘有细毛。叶鞘初被粗毛,边缘纤毛密生。

分布:广西。

鼎湖少穗竹

O. pulchellum (Wen) G. H. Ye et Z. P. Wang

秆高 5 m,直径 2 cm,幼秆被细柔毛,具细纵脉,下半部扁平。箨鞘长 7－8 cm,先端截平;箨耳发达开展,边缘有缝毛,长达 8 mm;箨舌截平,全缘无毛;箨叶狭披针形,脱落性。通常每节分枝 3 枚,第二级分枝 1 枚,小枝具叶 2－4 枚。叶片宽披针形,长 10－17 cm,宽 2－3.5 cm,下表面密被细柔毛。叶耳缺失,鞘口肩毛粗而平滑直立。叶舌短截状,不明显。

分布:广东高要鼎湖山。

糙花少穗竹

O. scabrifiorum (McClure) Z. P. Wang et G. H. Ye

别名:小黄苦、糙花青篱竹。

秆高 3－4 m,直径 1－2 cm,节间长 18－25 cm,新秆暗绿色具细小紫点,无毛,节下具一圈明显白粉环。箨鞘淡绿色转枯草色,为节间长度的 1/2,基部鞘具刺毛及褐色斑点或斑块,上部箨鞘毛及斑渐无;箨耳及缝毛缺失;箨舌高 2 mm,中部隆起,先端具白色纤毛;箨叶绿色或淡绿色,下部直立,上部开展。每节分枝 3 枚,广开展。叶片狭披针形,长 6－14 cm,宽 0. 6－0. 8 cm。笋期 4 月下旬至 5 月上旬。

分布:广东、广西、福建。浙江有栽培。

短舌少穗竹

O. scabriflorum var. *breviligulatum* Z. P. Wang et G. H. Ye

与原变种的区别在于箨舌短,高不超过 1 mm,弧形或截平形,叶舌低于 1 mm,基部密生柔毛。

分布:广东南雄。

秀英竹

O. shiuyingianum (Chia et But) G. H. Ye et Z. P. Wang

秆高 4－6 m,直径 1－2 cm,节间长 22－38 cm,幼秆常显现紫色斑点,疏生短硬毛,节下被一圈白粉。箨鞘背面无毛或疏生淡棕色刺毛,先端渐狭而成截形顶端;箨耳细小,椭圆形至长圆形,宽约 2 mm,边缘有刚毛 2－3 枚;箨舌截形,高约 1 mm,边缘被白色短纤毛;箨叶直立,卵状披针形至披针形,基部宽约为鞘顶之一半。秆中部每节分枝常为 3 枚,基部贴秆。叶片线状披针形,长 12－20 cm,宽 0.8－1.5 cm,叶鞘常有紫红色小斑点。叶耳缺如,仅具 2－3 枚刚毛。叶舌截形,高约 1 mm。

可作为观赏竹,优雅怡人。

分布:我国香港特别行政区。

斗竹

O. spongiosum（C. D. Chu et C. S. Chao）G. H. Ye et Z. P. Wang

秆高达 10 m，直径 4－6 cm，节间长 20－40 cm，幼秆稍被白粉，节下尤明显。秆箨红褐色，密被向上的紫褐色糙硬毛，边缘具缘毛；箨耳和繸毛不发育或仅有几枚繸毛；箨舌极短，微弓形，高约 1 mm，先端具纤毛；箨叶狭三角形或三角状披针形，直立，微皱，长 1.5－3 cm。每节分枝 3 枚，小枝具叶 3－5 枚。叶片披针形或线状披针形，长 9－17 cm，宽 1－2 cm。

分布：广西。

◎ 斗竹　*O. spongiosum*

少穗竹

O. sulcatum Z. P. Wang et G. H. Ye

别名:大黄苦(福建)。

秆高 6－8 m,直径约 6 cm,幼秆紫绿色,节下具明显白粉,老秆绿黄色,秆环略高于箨环。箨鞘革质,黄绿色,有浓白粉,被较密的棕色平伏刺毛,基部尤密,秆之下部箨鞘边缘具硬纤毛;无箨耳和鞘口缝毛;箨舌高约 35 mm,中部凸起,边缘具纤毛;箨叶直立或开展,绿带紫色,三角状卵形或线状披针形,基部微收缩。每节分枝 3 枚,开展。叶片线状披针形，长 9－16 cm，宽 0. 9－1.5 cm。笋期 5 月。

竹篾可用于箍桶。

分布:福建。

◎ 少穗竹 *O. sulcatum*

八、刚竹属

Phyllostachys Sieb. et Zucc.

尖头青

P. acuta C. D. Chu et C. S. Chao

秆高 6－9 m，直径 4－6 cm，新秆深绿色，无白粉。箨鞘绿色，具紫褐色斑点或斑块，疏生易落的刚毛，无白粉；无箨耳和鞘口缝毛；箨舌隆起，先端波状，有白色短纤毛，两侧多少下延；箨叶带状，暗绿紫色，边缘黄色，平直或略皱，下垂。本种和乌哺鸡竹 *P. vivax* 相似，但本种笋较尖，箨鞘被稀疏硬毛，更带绿色，箨叶较平直，新秆无白粉等与之易于区别。笋期 4 月中旬。

笋味美，供食用。

分布：浙江杭州、富阳、安吉，江苏宜兴、南京，福建尤溪、三明，安徽绩溪等地。

◎ 尖头青　*P. acuta*

◎ 尖头青 *P. acuta*

黄古竹

P. angusta McClure

别名：水什竹（河南永城），黄苦竹、黄石竹、沙竹（浙江塘栖）。

秆高 6—8 m，直径可达 5 cm，新秆被稀疏白粉。箨鞘乳白或带黄绿色，具稀疏小斑点，无毛；无箨耳和鞘口缝毛；箨舌甚发达，淡黄绿色，先端撕裂，具灰白色长纤毛；箨叶矛状至带状，绿色，边缘淡黄色，反转。笋期 4 月下旬。

优良篾用竹种，其编织的工艺品为我国的传统出口商品；竹秆可作钓鱼竿等用。笋供食用。

分布：浙江、福建、江苏、安徽。河南永城有栽培。

◎ 黄古竹　*P. angusta*

石绿竹

P. arcana McClure

别名：老竹（安徽），大节疤竹（南京），石楠竹、石榴竹（浙江），白家竹、白箭竹、金竹（四川）。

秆高 5－7 m，直径 2－4 cm，新秆被白粉，老秆灰黄绿色，秆环显著高于箨环。箨鞘黄绿色，具紫褐色细条纹，密被白粉；无箨耳和鞘口缝毛；箨舌甚发达，两侧下延，先端强烈拱凸，撕裂状，边缘具细纤毛；箨叶暗绿色，长披针形，反转。笋期 4 月中旬。

笋可食。竹材坚硬，不易劈篾，可作农具柄或竹器柱脚等用。

分布：江苏、浙江、安徽、四川、陕西、甘肃等地。

◎ 石绿竹 *P. arcana*

黄槽石绿竹

P. arcana f. *luteosulcata* C. D. Chu et C. S. Chao

与石绿竹的区别在于竹秆纵槽为黄色。

可栽培供观赏。

分布：江苏、浙江山区。

乌芽竹

P. atrovaginata C. S. Chao et H. Y. Chou

别名：毛芽竹（杭州）。

秆高 5－7 m，直径 3－5 cm，分枝斜上展。新秆无毛，无白粉。箨鞘墨绿色，有紫黑色脉纹，边缘黄褐色，无斑点，几无毛；无箨耳及鞘口缝毛；箨舌宽短，绿褐色，近无毛；箨叶宽三角形至宽披针形，墨绿色，边缘紫红色，直立，微皱。笋期 4 月底至 5 月初。

竹材篾性较好，为材用竹种；笋味略差，可食用。

分布：浙江、江苏等地。

◎ 乌芽竹　*P. atrovaginata*

罗汉竹

P. aurea Carr. ex A. et C. Riviere

别名：人面竹（《植物名汇》），寿星竹（河南），邛竹、布袋竹、算盘竹（四川），佛肚竹（《岭南科学》杂志第十七卷），台湾人面竹、虎山竹、鼓槌竹（《台湾树木志》）。

秆高 3－5 m，直径 2－3 cm，部分秆的基部或中部以下数节极为短缩而呈不对称肿胀，或节间于节下有长约 1 cm 的一段明显膨人，箨环和箨鞘基部均有一圈白色纤毛。箨鞘淡紫色至黄绿色；无箨耳；箨舌极短，截平或微凸，边缘具长纤毛。笋期 5 月上旬。

竹秆畸形多姿，可作观赏竹种。秆可作手杖、伞柄、钓鱼竿等工艺品，不宜篾用。笋味鲜美。

分布：黄河流域以南均有分布和栽培。

◎ 罗汉竹 *P. aurea*

◎ 罗汉竹　*P. aurea*

黄槽竹

P. aureosulcata McClure

别名:玉镶金竹(北京)。

秆高 4—6 m,直径达 4 cm,绿色,凹槽处黄色。新秆密被细毛,有白粉,秆环较箨环突隆起,秆基部有时数节生长曲折。箨鞘淡黄色,有绿色条纹和紫色脉纹,边缘具灰白色短纤毛,被薄白粉及稀疏的紫褐细斑点;箨耳宽镰刀形,具长缝毛;箨叶长三角形至宽带形,直立,下部具白粉,基部常两侧下延成箨耳;箨舌宽短,弧形,先端有纤毛。笋期 4 月。

本种能耐严寒,繁殖和适应性强,北方常作庭园绿化用。

分布:北京、浙江。

◎ 黄槽竹 *P. aureosulcata*

黄秆京竹

P. aureosulcata f. *aureocaufis* Z. P. Wang et N. X. Ma

与原变型的区别在于秆全部为硫黄色，或基部数节间有绿条纹，叶片有时也有绿线条。

分布：浙江、江苏、北京。

京竹

P. aureosulcata f. *pekinensis* J.L.Lu

与原变型不同处在于秆全为绿色。

分布：北京、浙江、河南。

金镶玉竹

P. aureosulcata f. *spectabilis* C. D. Chu et C. S. Chao

其秆金黄色，具不规则的绿色纵条纹而不同于原变型。

为优良的观赏竹种。

分布：江苏、浙江、北京。

◎ 金镶玉竹 *P. aureosulcata* f. *spectabilis*

◎ 金镶玉竹 *P. aureosulcata* f. *spectabilis*

毛环水竹

P. aurita J. L. Lu

秆高 3－6 m，直径 2－3 cm，中部节间长达 30 cm 以上。新秆暗绿色，有薄蜡粉，箨环具一圈密集锈褐色毛丛。箨鞘淡绿色，无斑点，微被白粉，中上部边缘具排列整齐的纤毛，底部被锈褐色毛丝；箨耳发达，镰刀形，有长肩毛；箨舌平截或稍弧形，褐色，边缘具纤毛；箨叶三角形，直立，绿色染有紫色。笋期 4 月中下旬。

分布：河南、浙江、湖北、广西。

◎ 毛环水竹 *P. aurita*

◎ 毛环水竹 *P. aurita*

五月季竹

P. bambusoides Sieb. et Zucc.

别名:刚竹(《中国植物图说》),苦竹(《植物名汇》),台竹、鬼角竹(《竹谱详录》),箭竹(《植物学大辞典》),光竹(《中国树木分类学》),斑竹(《中国竹类植物志略》),网苦竹(《江苏植物名录》),石竹、龙丝竹(《竹类经营》),迟竹、麦黄竹(浙江),麦粒黄(山东),小麦竹(安徽),桂竹、烂头桂(江苏),五月竹、大叶金竹、黄竹、毛竹(河南),钢铁头竹(台湾),麻竹(江西)。

◎ 五月季竹 *P. bambusoides*

秆高 7—13 m,直径 3—10 cm,新秆绿色,无毛,无白粉。箨鞘黄褐色,有紫褐色斑点与斑块,疏生直立脱落性刺毛;箨耳变化大,2枚,常不对称,镰刀形或长倒卵形,有数枚流苏状缝毛;箨舌和箨耳均为黄绿色或带紫色;箨叶平直或微皱。笋期 5 月中下旬。

笋味略淡涩,可食。秆粗大,竹材坚硬,篾性也好,为优良的材用竹种。

分布:北至河南、河北、陕西,西至四川、云南,南至广东、广西、福建。

金明竹

P. bambusoides var. *castillonis* (Marliac ex Carriere) Makino

别名：黄金间碧玉、金银竹、青叶竹、缟竹、鳖甲竹、青黄竹(《坪井竹类图谱》),水竹、黄金间碧竹(《植物名汇》)。

与原变种区别在于其秆及主枝呈黄色,其节间于分枝一侧之沟槽中常呈鲜绿色,有时其旁侧亦有同样绿色条纹2－3条。

可作观赏竹种。

分布：长江流域偶有栽培,浙江安吉竹种园有引种栽培。

◎ 金明竹 *P. bambusoides* var. *castillonis*

斑竹

P. bambusoides f. *lacrima-deae* Keng f. et Wen

与原变型之区别在于秆有紫褐色斑块与斑点，分枝亦有紫褐色斑点。

为著名观赏竹；秆用作制工艺品及材用。

分布：湖南、江西、河南、浙江等地。

◎ 斑竹 *P. bambusoides* f. *lacrima-deae*

黄槽斑竹

P. bambusoides f. *mixta* Z. P. Wang et N. X. Ma

与原变型不同之处在于秆具斑点,并具黄沟槽。

用途同斑竹。

◎ 黄槽斑竹 *P. bambusoides* f. *mixta*

寿竹

P. bambusoides f. *shouzhu* Yi

与原变型的区别在于新秆微被白粉，秆环较平，节间较长（35－40 cm），箨鞘无毛。

笋味甜，较毛竹笋味美。秆供制作凉床、椅子、蒸笼和竹帘。秆箨可作雨帽和包裹粽子。

分布：四川东部和湖南南部。浙江有栽培。

白夹竹

P. bissetii McClure

秆高 5－6 m，直径 2 cm，幼秆深绿略带紫色，被白粉，节间上部疏生直立的细柔毛，微粗糙，老秆绿色或灰绿色。秆环隆起，略高于箨环。箨鞘背部暗绿至淡绿，微带紫色，先端有时有乳白色纵条纹，被白粉，秆下部的箨鞘有时在背部具柔毛，无斑点或在上部有稀疏至密集的极其微小的斑点，边缘生纤毛；箨耳常存在于中、上部的秆箨上，小型乃至较大，呈镰刀形，或缺失，绿色或绿带紫色，缝毛少数至数条或缺失；箨舌拱形或截形，宽于箨片基部或在无箨耳时则箨舌的两侧明显露出，紫色，高 1－2 mm，边缘生纤毛；箨叶狭三角形至三角状披针形，深绿色或深绿色带紫，直立，平直或波状。末级小枝具 2 叶，叶耳及鞘口缝毛通常存在，但易落。叶片长 7－11 cm，宽 1.2－1.6 cm。笋期 4 月中下旬。

笋供食用，秆作柄材或篾用。

分布：四川、浙江。

◎ 白夹竹　*P. bissetii*

◎ 白夹竹 *P. bissetii*

白哺鸡竹

P. dulcis McClure

别名：白竹(浙江富阳)、象牙竹(浙江萧山)。

秆高 6—8 m，直径达 5—7 cm，秆基部节间常可见不规则的极细的乳白色或淡绿色纵条纹。箨鞘淡黄白色，顶端浅紫色，有稀疏的淡褐色小斑，被白粉和细毛；箨耳和繸毛发达，绿色；箨舌较发达，褐色，先端凸起，具短细须毛；箨叶长矛形至带状，反转，强烈皱折，颜色多变。笋期 4 月上旬。

笋味鲜美，为优良笋用竹。

分布：浙江、闽北，江苏亦有少量栽培。

◎ 白哺鸡竹 *P. dulcis*

甜笋竹

P. elegans McClure

别名：了竹、鸟竹（湖南），花壳竹（海南、广东）。

秆高 4—7 m，直径可达 5 cm。叶片较小，呈矛状，下表面密生柔毛。新秆密被白粉，秆有细密的纵肋。箨鞘淡棕紫色，具较密的褐色小斑点并被稀疏而直立的脱落性刚毛；具较发达的箨耳；箨舌弧形或隆起；箨叶较强烈皱折。笋期 4 月中旬。

笋极鲜美。秆节较密，可作柄材用。

分布：浙江、福建、湖南、广东等地。

◎ 甜笋竹 *P. elegans*

角竹

P. fimbriligula Wen

别名：紫笋竹（浙江萧山）。

秆高 4—7 m，直径达 5 cm，新秆节下具白粉环。箨鞘初绿色带红褐，被酱色斑点与脱落性疏毛，边缘秃净无毛；无箨耳；箨舌山峰状突起，两边下延，先端具紫色流苏状屈曲长毛；箨叶绿带紫色，狭带状，直立不皱褶。叶鞘无毛，叶耳卵状具放射状縫毛。笋期 5—6 月。

本种发笋能力强，是著名的“晚熟”高产笋用竹，笋味略苦，加工罐头尤佳。

分布：浙江。近年来引种江西、湖南、江苏等地栽培。

◎ 角竹 *P. fimbriligula*

甜竹

P. flexuosa A. et C. Riviere

别名：曲秆竹、管竹、柴竹（河南），青竹（山西）。

秆高 4—5 m，直径 2—4 cm，秆基部常呈“之”字曲折或直立，新秆具白粉。箨鞘淡绿褐色或淡红褐色，具较密的紫褐色斑点，并常具紫色脉纹及宽窄不等的绿白色纵条纹；无箨耳；箨舌暗栗红色或黄绿色，先端具深色粗长纤毛；箨叶带状，绿色，边缘绿黄色，外翻。笋期 4 月中旬。

耐寒竹种，能耐－20℃短期低温，并能在 pH 8.2 的沙质盐碱土上生长。

秆壁较薄，柔韧性强，宜编织器具及作帐竿、棚架及农具柄等。笋味极甘美。

分布：河南淮河以北、陕西中部、山西运城、河北南部、江苏北部。北京、浙江等地有引种。

◎ 甜竹 *P. flexuosa*

◎ 甜竹 *P. flexuosa*

奉化水竹

P. funhuaensis（X.G.Wang et Z.M.Lu）N. X. Ma et G. H. Lai

本种植株通常大于水竹 *P.heteroclada*，高可达7－8 m，胸径可达 6 cm，秆环和箨环均较隆起，箨鞘先端具明显的白色放射状条纹，叶片亦较水竹为大。

发笋力极强，笋味鲜美，笋期较迟，为很有发展前途的优良笋用竹种。竹秆可作棚架或劈篾编织一般的箩筐等制品。

分布：产于浙江省奉化市楼岩乡仉家村，海拔约480 m。已有多地引种栽培。

◎ 奉化水竹　*P. funhuaensis*

花哺鸡竹

P. glabrata S. Y. Chen et C. Y. Yao

别名：杠竹（浙江萧山）。

秆高 5－7 m，直径 3－5 cm，新秆深绿色，无白粉。箨鞘淡红褐色或褐黄色，具较密的褐斑，先端截平；无箨耳及鞘口繸毛；箨舌宽短，密生短纤毛；箨叶强烈皱折，两边紫红，向里变橘黄色。叶耳绿色，有密集的绿色繸毛。笋期 4 月中下旬。

笋味甜而鲜美，为优良笋用竹种。秆一般整材使用。

分布：浙江、福建。

◎ 花哺鸡竹　*P. glabrata*

◎ 花哺鸡竹 *P. glabrata*

淡竹

P. glauca McClure

别名：花皮淡竹、麻壳淡竹（浙江安吉），淡竹、红淡竹（江苏），粉绿竹（《华东禾本科植物志》、《竹林培育》），洛宁淡竹、麦荐亭竹（河南），水竹（山东），青竹（山东、山西、陕西、河南）。

秆高 6－14 m，直径可达 10 cm，新秆被雾状白粉而呈蓝绿色。箨鞘淡红褐色或黄褐色，具稀疏紫褐色斑点和斑块；无箨耳；箨舌紫色，先端截平形，边缘具短纤毛；箨叶绿色，边缘黄色，反转或外展。笋期 4 月中下旬。

秆壁略薄、篾性尤佳，是上等的农用、篾用竹种，秆可作捻泥竿、晒竿、烤烟竿、瓜架、农具柄等，亦可编织凉席。笋供食用。

分布：江苏、河南、浙江、山东、山西、陕西、安徽等地。

◎ 淡竹 *P. glauca*

变竹

P. glauca var. *variabilis* J. L. Lu

与原变型不同之处在于新秆无或几无白粉，节下有白粉环，秆稍呈中粗下细，基部数节偶有长条状紫褐斑点，分枝以下秆箨常具长条状紫褐色纹斑。

竹株高大，用途同筠竹。

分布：河南博爱、沁阳。

筠竹

P. glauca f. *yuozhu* J.L.Lu

别名：花斑竹（河南）。

与原变型之区别在于秆渐次出现紫褐色斑点或斑纹。

笋可食。竹材匀齐劲直，柔韧致密，秆色美观，为河南博爱著名的“清化竹器”原材料，适于编织竹器及各种工艺品。

分布：河南、山西。

水竹

P. heteroclada Oliver

别名：烟竹（广西、四川）、水胖竹（浙江安吉）、黎子竹（广东）。

秆高 3－6 m，直径 1－4 cm，节内宽约 6 mm，新秆有蜡质白粉和疏生毛，秆环略平。箨鞘绿色无斑点，两边带褐黄色，边缘具整齐的灰色缘毛；箨耳小型但明显可见；箨叶窄三角形，绿色，边缘紫色，直立，舟状；箨舌宽短，先端平截或微拱。笋期 4 月中下旬。

篾性特佳，为刚竹属中最优良篾用竹种，用于编织凉席和细竹编工艺品供出口，用在建筑上捆扎脚手架经久耐用。笋供食用。

分布：长江流域以南各省广泛分布。河南、陕西、山东等亦有栽培。

◎ 水竹　*P. heteroclada*

◎ 水竹 *P. heteroclada*

黎子竹

P. heteroclada f. *purpurata*（McClure）Wen

与水竹的区别主要在于其箨叶紫红色，秆纤细而十分屈曲。

实心竹

P. heteroclada f. *solida*（S. L. Chen）Z. P. Wang et Z. H. Yu

别名：木竹（湖南）、实中竹、印材竹、满心竹、肥满竹、不具竹。

与原变型区别在于秆的下半部实心或近于实心，有的秆基部少数几个节间不规则地短缩肿胀。

秆材坚实、韧性大，主要作北方农业用的马鞭柄、打枣竿，搭棚架，用作手杖等，亦可种植作篱笆。笋味鲜美，可鲜食或加工笋干。

分布：浙江、江苏、湖南、四川、安徽等地。

◎ 实心竹　*P. heteroclada* f. *solida*

龟甲竹

P. heterocycla (Carr.) Mitford

别名: 龙鳞竹(《竹谱详录》),佛面竹、龟文竹(《植物研究杂志》),马汉竹、藕节竹(《中国主要植物图说——禾本科》、《岭南科学杂志》)。

其与毛竹的区别在于秆基部以至相当长一段秆的节间连续呈不规则的短缩肿胀,并交斜连接如龟甲状。

为珍贵观赏竹种。

分布: 在毛竹林中偶有发现。

◎ 龟甲竹 *P. heterocycla*

毛竹

P. heterocycla var. *pubescens* (Mazel) Ohwi

别名：楠竹（四川、湖南、江西、广西、湖北、贵州），江南竹（《植物名汇》），孟宗竹、茅竹、猫头竹、狸头竹（《中国树木分类学》，台湾），苗竹（江西、广东），苗衣竹（广东），猫儿竹（福建、浙江平阳）。

大型竹，秆高达 20 m 以上，直径 18 cm，节间短，壁厚，新秆密被白粉和细柔毛，分枝以下仅箨环微隆起，秆环不明显，箨环被一圈脱落性毛。秆箨密生棕褐色毛及黑褐色斑点；箨耳小，肩毛发达；箨舌宽短，弓形，两侧下延；箨叶绿色，长三角形至披针形。叶片相对较细小，长 4－11 cm，宽 0.5－1.2 cm。笋期 3 月底 4 月初。

为我国最主要的笋用与材用竹种。笋俗称"冬笋"和"毛笋"，既可鲜食，又可加工成笋干、罐头等。竹材供建筑房屋、脚手架、挑杠、扁担及各种编织、造纸、竹胶板等用材。

分布：秦岭汉水流域以南各地，并已占我国竹林总面积的 2/3 以上，是我国面积最大、分布最广的经济竹种。

◎ 毛竹 *P. heterocycla* var. *pubescens*

金丝毛竹

P. heterocycla ‘Gracilis’

与原变型之区别在于竹秆始终矮小,高仅 7—8 m,直径 4—5 cm,竹壁较厚。竹秆材质优良,可作撑篙、农具柄,坚固耐用。

分布:江苏宜兴。

黄槽毛竹

P. heterocycla ‘Luteosulcata’

与原变型之区别在于节间沟槽黄色。

用途同毛竹。

◎ 黄槽毛竹 *P. heterocycla* ‘Luteosulcata’

强竹

P. heterocycla 'Obliquinoda'

不同于原变型之处在于秆通常较细小,相邻的节交互歪斜,节间正常。

梅花毛竹

P. heterocycla 'Obtusangula'

竹秆具5—7条钝棱而有别于原变型。

适宜作观赏栽培，竹秆可加工竹工艺品。

分布:湖南洞庭湖中君山。

方秆毛竹

P. heterocycla 'Quadrangulata'

以其具有钝四棱形的竹秆而有别于原变型。作庭园栽培观赏甚佳,竹秆可加工竹工艺品。

分布:湖南洞庭湖中君山。

花毛竹

P. heterocycla 'Tao Kiang'

别名:碧玉嵌黄金。

与原变型之区别在于秆具纵向的黄色条纹。

分布:为优良观赏竹种。毛竹林中偶有发现。

◎ 花毛竹 *P. heterocycla* 'Tao Kiang'

◎ 圣音竹 *P. heterocycla* 'Tubaeformis'

圣音竹

P. heterocycla 'Tubaeformis'

不同于原变型之处在于竹秆向基部逐渐增大呈喇叭状，同时节间也逐渐缩短。

宜作为庭园观赏栽培。

分布：湖南洞庭湖中君山。

绿槽毛竹

P. heterocycla 'Viridisulcata'

与原变型区别在于其秆黄色，间有绿色条纹，而凹槽部位均为绿色。

适宜作观赏栽培，竹材用途同毛竹。

厚皮毛竹

P. heterocycla 'Pachyloen'

与原变型的区别在于秆略呈四方形，秆壁较厚。

毛壳竹

P. hispida S. C. Li, S. H. Wu et S. Y. Chen

秆高3－3.5 m，直径1－2 cm，新秆绿色带紫，被毛而粗糙，微被白粉，节下白粉环明显。箨鞘暗绿紫色，先端具乳白色或淡色放射状条纹，密被白色小刚毛及白粉，边缘有纤毛，秆下部的箨鞘有稀疏小斑点；箨耳紫色，通常着生于秆上部之箨鞘上，镰刀形，或微弱发育，或仅一侧发育，着生弯曲繸毛数枚；箨舌暗紫色，截平或微弧形，先端不整齐，具纤毛；箨叶直立，狭三角形至披针形，绿紫色，基部略窄于箨鞘顶宽。叶片的叶耳微弱发育，具数枚脱落性繸毛；叶下面基部微被毛；叶舌黄绿色，叶缘一侧具锯齿。

分布：安徽舒城等地。

◎ 毛壳竹 *P. hispida*

红壳雷竹

P. incarnata Wen

秆高 4－6 m，直径 3－4 cm，被白粉。箨鞘淡肉红色，具稀疏褐色斑点，顶端截平状；箨耳发达，紫褐色，镰刀状至卵状，边缘具屈曲之紫褐色缝毛；箨舌近截形，中部有尖峰，先端边缘撕裂并具细纤毛；箨叶浅灰绿色，直立或反转，长三角形。

本种与毛金竹 *P. nigra* var. *henonis* 相似，但本种箨鞘全部无毛，被有紫褐色斑点，箨片通常不皱，幼秆无毛，笋期较早等可与之区别。

发笋能力强，笋期长，是较有发展前途的笋用竹种。秆作一般材用。

分布：浙江、福建。

◎ 红壳雷竹 *P. incarnata*

红竹

P. iridescens C. Y. Yao et S. Y. Chen

别名：红壳竹、红鸡竹、红哺鸡竹（浙江）。

秆高 8－12 cm，直径可达 10 cm，秆基部节间常具淡黄色纵条纹，秆环和箨环中度隆起。箨鞘紫红色，边缘及顶部颜色尤深，具紫黑色斑点，光滑无毛，疏被白粉；无箨耳及繸毛；箨舌发达，紫黑色，先端截平或拱凸，边缘密生红褐色长须毛；箨叶为颜色鲜艳的彩带状，边缘橘黄色，中间绿紫色，反转略皱折。叶鞘具叶耳和肩毛，新鲜时均呈紫色。

竹材经晒不裂，多作棚架、晒竿、农具柄等用，笋味甘甜鲜美，为优良的笋材两用竹。

分布：浙江、江苏、上海、安徽。近年已为各地广为引种。

◎ 红竹 *P. iridescens*

花秆红竹

P. iridescens f. *heterochroma* P. X. Zhang

俗名“金箍棒”。与原变种的区别在于节间黄色，间有不规则绿色纵条纹，沟槽部分绿色，部分叶片具白色条纹。

竹秆黄绿相间，尤其新秆时色彩非常鲜艳美观，适于作观秆类观赏竹栽培利用。

分布：本变型原产安吉县良朋镇。

◎ 花秆红竹 *P. iridescens* f. *heterochroma*

假毛竹

P. kwangsiensis W. Y. Hsiung et al.

别名：假楠竹(广西)、金竹(湖南)。

秆高 6－12 m，直径 4－10 cm，新秆绿色，密被毛，箨环上下均有白粉环。箨鞘紫褐色长于节间，疏生深褐色小斑点，被紫褐色易脱落粗硬毛；箨耳不明显，缝毛发达，紫色；箨舌短，弧形，密生紫色长纤毛；箨叶紫绿色，长披针形至带形，长达 30 cm。笋期 4 月中旬。

竹材坚韧细密，节间匀称，供建筑、家具及劈篾编织各种器具。笋味淡涩，可食。

分布：广西、湖南等。浙江有引种。

◎ 假毛竹 *P. kwangsiensis*

台湾桂竹

P. makinoi Hayata

别名：棉竹、篓竹（福建），桂竹（台湾），桂竹仔（种子植物名称）。

本种与刚竹 *P. sulphurea* 'Viridis' 相似，但本种分枝以下秆环明显或秆环与箨环同高，箨舌紫色，先端纤毛为紫红色。笋期 5 月上旬。

竹材坚韧而致密，供建筑、造纸、制作竹椅、竹帘、伞骨、笛等用。笋可食。

分布：我国台湾、福建等地。

◎ 台湾桂竹 *P. makinoi*

美竹

P. mannii Gamble

别名：白皮淡竹（浙江）、黄苦竹（江苏）、铁壳竹（浙江）、加水竹（河南）、岩金竹（陕西）、火竹（山东）。

秆高 5—8 m，直径 2—5 cm，节间初被极短的稀疏倒向硬毛。箨鞘淡棕绿色或淡褐棕色，上部具稀疏褐斑，边缘紫褐色；箨耳通常发达，与箨舌、繸毛均为红紫色；箨舌微凸，边缘具短纤毛，背面贴生粗长繸毛；箨叶三角形至披针形，反转，扭曲微皱。笋期 4 月中旬。

竹材坚韧，经久不裂，为上等的农具用竹。篾性好，可编织凉席等。作晒竿不发霉。笋略有涩味，可供食用。

分布：长江流域至黄河流域各地。西藏亦有栽培。

◎ 美竹 *P. mannii*

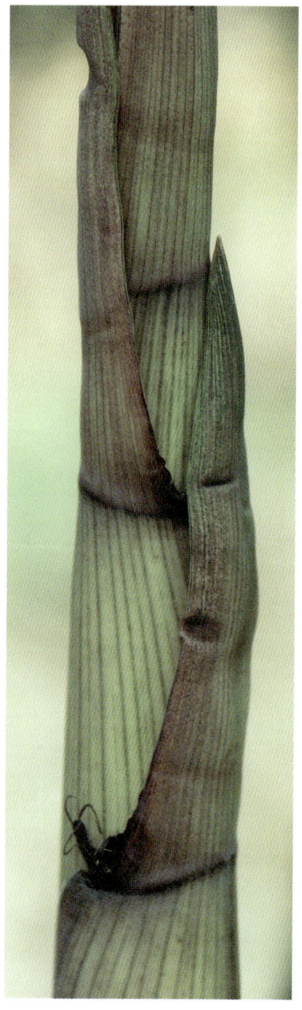

◎ 美竹 *P. mannii*

浙江淡竹

P. meyeri McClure

别名:淡竹(浙江),毛环竹(《竹林培育》),淡红竹、大淡竹(浙江安吉),乌壳晚竹、乌壳红竹、杭州石竹(杭州),红壳竹(福建宁德)。

秆高 6—11m,直径 3—7 cm,新秆被白粉,刚解箨时箨环上有一圈细短的白纤毛。箨鞘淡紫红色,被白粉,具较密的褐色斑点或斑块,上部两侧常呈焦枯状,最基部具极窄一圈短细毛,顶端狭窄;无箨耳及鞘口缝毛;箨舌较弱,先端截平或微凸,边缘具短须毛;箨叶长矛形至带形,反转微皱,淡绿色,边缘为橘黄或橘红色。笋期 4 月下旬。

竹秆宜作农具柄、帆船篷横档、出口工艺绸伞的伞骨等;篾性较好,供编织篾席、竹器等;笋可供食用。

分布:浙江、安徽、湖南、福建、湖北等山坡河滩有大面积生长。

◎ 浙江淡竹 *P. meyeri*

篌竹

P. nidularia Munro

别名:大韧竹、刚竹、扫把竹、金丝竹、笔笋竹(广东),百夹竹(四川)。

秆高 4—8 m, 直径可达 5 cm,秆环显著突隆起,二环先端细尖。小枝常仅有叶片 1 枚(初 2—3 枚, 很快脱落),叶片先端常反转呈钩状。箨鞘淡黄绿色,具淡色条纹,浓被白粉,基部具丛状密生的刺毛; 箨叶三角形,直立, 基部两侧延伸成独特的大箨耳紧抱竹秆;箨舌短,先端凸或截平。笋期 4 月下旬。

竹壁薄,竹材较脆,整秆用于编篱笆、搭瓜菜棚架。由于其秆颜色及味甘,常用其篾黄编虾笼,用来捕虾。笋味鲜美,供鲜食或加工笋干。

分布:河南、山东、陕西及长江流域以南,多为野生。

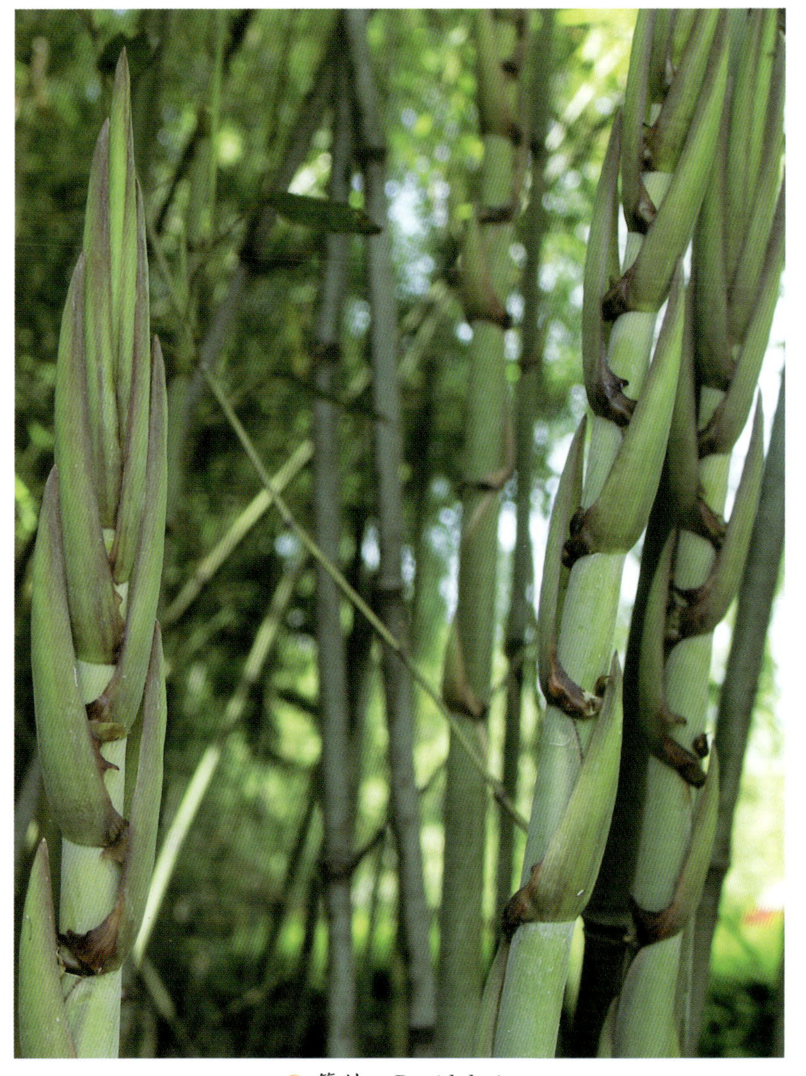

◎ 篌竹 *P. nidularia*

实肚竹

P. nidularia f. *farcta* H. R. Zhao et A. T. Liu

别名:实心花竹。

杆中下部实心或近于实心,不同于原变型。

竹笋食用,秆作整材使用。

分布:广东。

光箨篌竹

P. nidularia f. *glabro-vagina* (McClure) Wen

别名:花竹(湖南、陕西、贵州),水竹(四川),扫帚竹(河南),厘竹、龙竹、枪刀竹(浙江)。

与原变型的区别在于箨鞘无毛,或基部数节上有极稀疏的刺毛。箨鞘基部无丛状密生的刺毛。

金秆百夹竹

P. nidularia f. *sulfurea* Yi et C.G. Chen

秆和枝条均黄色，有时具1—2条绿色纵条纹。箨鞘具黄色纵条纹。

分布：四川华蓥。

◎ 金秆百夹竹 *P. nidularia* f. *sulfurea*

富阳乌哺鸡竹

P. nigella Wen

别名：乌哺鸡、哺鸡竹(俗称)。

秆高5—8 m，直径4—5 cm，新秆节下被白粉。箨鞘鲜时棕色至灰绿色，密被褐色斑点，上部尤密，疏生脱落性细柔毛；箨耳紫黑色，左右不匀称，边缘具长缝毛；箨叶淡紫色，边缘黄色，表面粗糙，背面有绒毛，通常反转，褶皱；箨舌紫黑色，先端截状，边缘有细睫毛。小枝具叶4—6枚，叶鞘表面被细柔毛，边缘具纤毛；叶耳镰刀状，并具星状四射的长缝毛。笋期5月。

竹材韧而耐用，笋味佳，为笋竹兼优竹种。

分布：浙江富阳。安吉有引种。

◎ 富阳乌哺鸡竹 *P. nigella*

◎ 富阳乌哺鸡竹　*P. nigella*

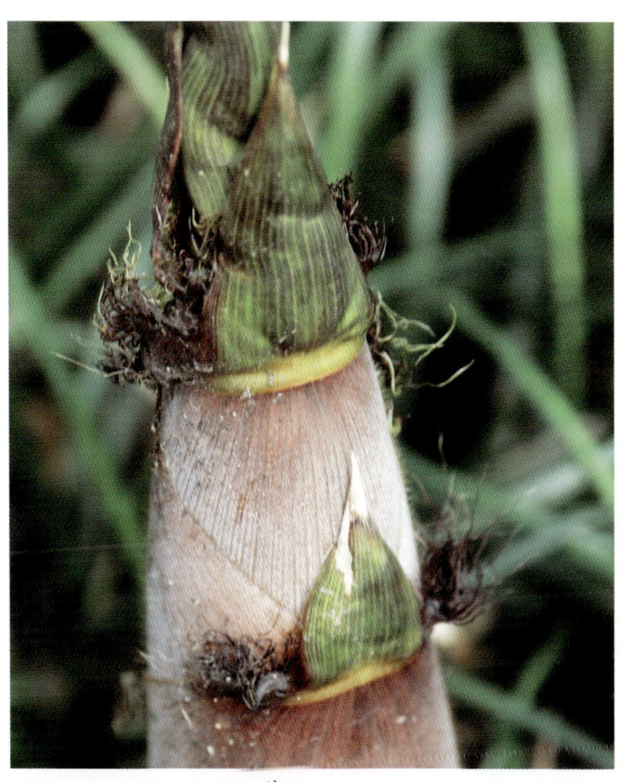

◎ 紫竹 *P. nigra*

紫竹

P. nigra (Lodd.ex Lindl.) Munro

别名：黑竹(江苏、河南、陕西、四川、湖南)，水竹子(《植物名汇》)，乌竹、黑竹(《坪井竹类图谱》)，乌竹仔(台湾)。

秆高 4—10 m，直径 2—5 cm，新竹绿色，密被白粉和刚毛，当年秋、冬季即逐渐呈现黑色斑点，以后全秆变为紫黑色而易识别。箨鞘淡(红)棕色，无斑点，密生褐色毛；箨耳发达，紫黑色；箨叶绿色，三角形，直立，皱折。笋期 4 月中旬。

为优良的观赏竹种。竹材较坚韧，宜作钓鱼竿、手杖等工艺品及箫、笛、胡琴等乐器制品。笋供食用。

分布：黄河流域以南各地，北京亦有栽培。

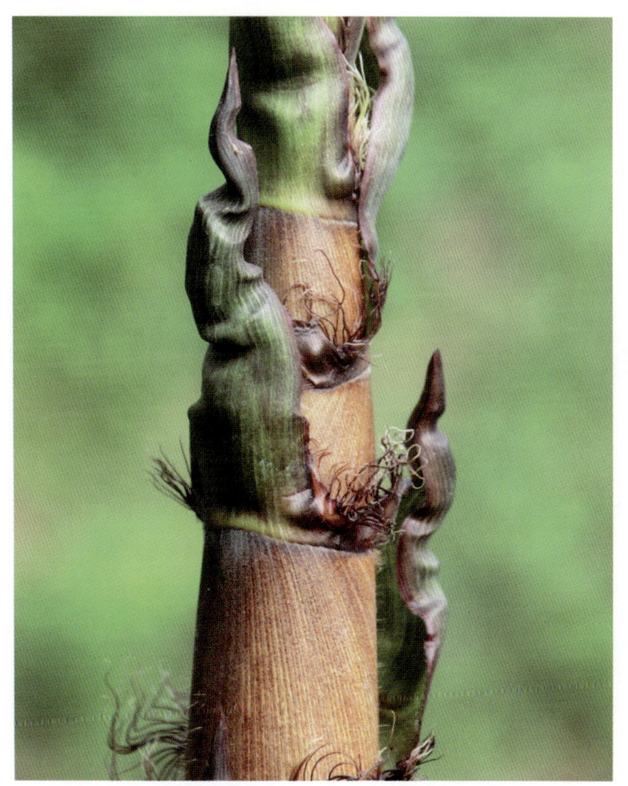

◎ 毛金竹 *P. nigra* var. *henonis*

毛金竹

P. nigra var. *henonis* (Bean) Stapf ex Rendle

别名：金毛竹、白竹(江苏、河南)，冬瓜皮竹、小毛竹、金竹、灰竹，百夹竹(四川)，毛巾竹(浙江)，淡竹(《图经本草》、《中国主要植物图说》)，金花竹(《植物名汇》)，钓鱼竹、白夹竹(《中国竹类植物志略》)，平竹《指示植物》，甘竹(《群芳谱》)，光苦竹(《江苏植物名录》)，水竹(《坪井竹类图谱》)。

与原变种之区别在于秆绿色，不变为紫黑色，形体可长得远较紫竹粗大。

竹材篾性柔韧，宜劈篾供编织用，亦可作农具柄、撑篙、建筑、晒衣竿等用。笋供食用。

分布：河南、浙江、江苏、山东、陕西、四川、湖南等地。

◎ 毛金竹 *P. nigra* var. *henonis*

灰竹

P. nuda McClure

别名:石竹(江苏),净竹(《中国高等植物图鉴》),焦壳淡竹(浙江、江西),焦壳竹、乌焦竹(浙江),裸箨竹(台湾),小竹(陕西)。

秆高 5—10 m,直径 2—4 cm,新秆在节下具一浓厚白粉圈,秆环显著突隆起而高于箨环,部分秆基部呈“之”字形曲折。箨鞘淡红褐色,部分笋具明显的颜色条纹,密被白粉,下部箨鞘密被斑块;无箨耳和肩毛;箨舌发达,先端平截。笋期 4 月上中旬。

竹材坚韧,富弹性,宜作竹器的柱脚、农具柄、毛竹钩梢刀的长柄等。笋质优良,壳薄肉厚,味鲜美,俗称“石笋”,是加工天目笋干的主要原料。

分布:浙江、江苏、安徽、陕西、湖南、福建等地。

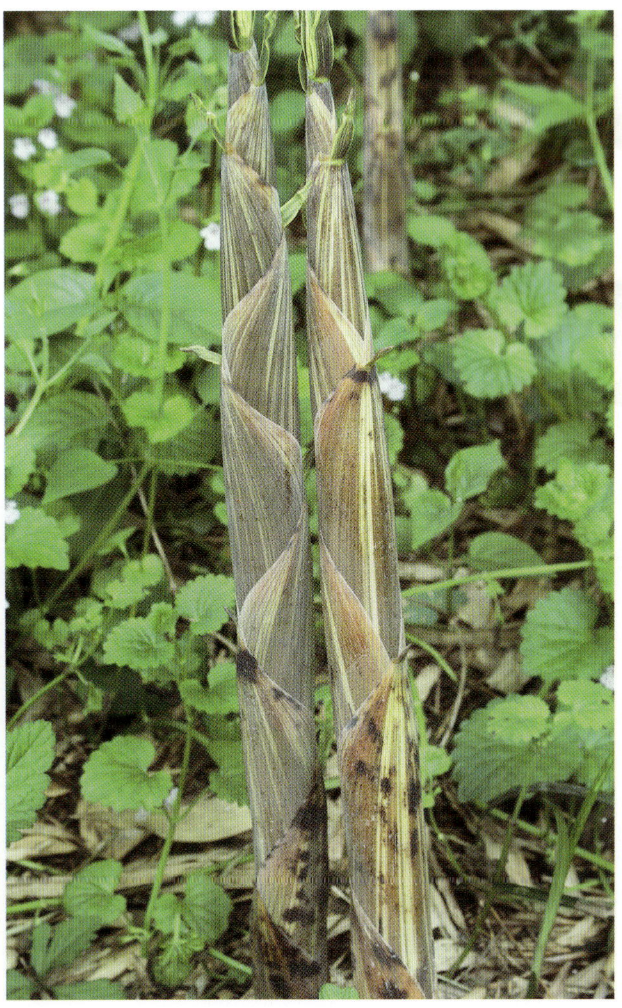

◎ 灰竹 *P. nuda*

紫蒲头灰竹

P. nuda f. *localis* Z. P. Wang et Z. H. Yu

与原变型的区别在于秆基数节有紫褐色斑块，甚至布满整个节间而呈紫褐色。

分布：浙江安吉等地。

安吉金竹

P. parvifolia C. D. Chu et H. Y. Chou

别名：金竹（浙江安吉）。

秆高 8－12 m，直径 5－8 cm，新秆密被白粉。箨鞘淡褐色或淡紫红色，上部具淡色放射状条纹，无斑点，边缘有整齐的白色缘毛；箨舌淡紫红色，先端弧形，有细齿，密生短纤毛；箨耳及繸毛无或较弱；箨叶矛形至三角状披针形，绿色，边缘或上部带紫红色，中等皱褶，直立。笋期 4 月下旬。

笋味鲜美，为优良的食用笋竹 种。竹材除秆作一般材用外，宜劈篾编织凉席。

分布：浙江安吉、安徽绩溪等地。

◎ 安吉金竹 *P. parvifolia*

◎ 安吉金竹 *P. parvifolia*

灰水竹

P. platyglossa Z. P. Wang et Z. H. Yu

秆高 6－9 m，直径 4－5 cm，新秆被白粉。秆箨淡红褐色，具褐色斑点或斑块，被疏粉，厚纸质，具易脱落性刺毛；箨耳和縫毛发达，紫色；箨舌宽短，截形至弧形，紫色，具淡紫色纤毛；箨叶带状，绿紫色至绿色，直立，上部者外翻，皱曲。笋期 4 月上中旬。

竹壁薄，篾性脆，秆材仅作瓜棚架篱笆用。笋味较鲜美，供食用。

分布：浙江安吉，江苏溧阳、宜兴等地。

◎ 灰水竹 *P. platyglossa*

◎ 灰水竹 *P. platyglossa*

遂昌雷竹

P. primotina Wen

秆高达 9 m,直径 7 cm,节间较短,长仅 17—20 mm,幼秆绿色无毛,节下有白粉,老秆全部被白粉,呈白色,秆环轻度隆起,箨环无毛。

箨鞘初浅红色,具稀疏黑褐色细斑点,初密被浅黄色刺毛,边缘有细毛密生,无箨耳;箨舌棕色,十分隆起,两边下延,先端边缘具长 12 mm 流苏状缝毛直立;箨片反转皱折,近基部内表面被细柔毛,两边具长纤毛。

小枝具 3－6 叶,叶鞘表面被白色粗毛,边缘有纤毛,叶耳椭圆形,缝毛四射,叶舌高 2 mm,隆起,先端边缘具长 3－4 mm 纤毛,直立;叶片阔披针形,先端急尖,尾状延伸,上表面绿色无毛,下表面具疏毛,侧脉 4-5 对,具小横脉。笋期 2 月下旬至 4 月。

分布:浙江遂昌等地。

◎ 遂昌雷竹 *P. primotina*

高节竹

P. prominens W. Y. Xiong

秆高 7—11 m，直径达 8 cm，新秆深绿色，无白粉，节间缢缩，节强烈隆起。箨鞘淡褐黄色或略带淡红色，密生斑点，近顶部尤密，呈黑褐色，疏生白毛；箨耳甚发达，矩圆形或镰刀形，紫色或带绿色，鞘口缝毛较短；箨舌发达，紫黑色，先端波状，疏生长纤毛；箨叶绿色，边缘橘黄色，带状披针形，强烈皱褶，反转。笋期 4 月下旬。

为高产优良笋用竹种。秆不易劈篾，多作柄材。

分布：浙江。各地已有引种。

◎ 高节竹 *P. prominens*

◎ 高节竹 *P. prominens*

早园竹

P. propinqua McClure

别名：园竹（河南固始）、桂竹（河南新县）、焦壳淡竹（杭州植物园）、花竹（福建福鼎）。

秆高 6—9 m，直径 3—5 cm，全秆光滑，薄被白粉。箨鞘淡红褐色，全光滑，有明显的肋条并具不规则的褐斑，鞘顶狭；无箨耳和鞘口缕毛；箨舌淡褐色，强烈拱起，边缘具细小睫毛；箨叶狭，披针形或带形，不皱褶，外展或直立，基部反转。笋期 4 月上旬开始。

本种与浙江淡竹 *P. meyeri* 相似，笋尤其如此。但本种箨环光滑，箨叶狭，箨舌顶端强烈拱起等有别。

笋微甜，为较好的笋用竹种；竹材坚韧，篾性好，宜编织竹器或作柄材和搭棚架。

分布：广西、贵州、湖北、江西、福建、浙江、江苏、河南、安徽等地。

◎ 早园竹 *P. propinqua*

硬头青

P. rigida X. Jiang et Q. Li

秆高 4—6 m，直径 3 cm，新秆深绿色，无毛，密布白粉；秆环隆起比箨环显著。秆箨早落，半革质，灰绿色或灰黄绿色，具明显紫色条纹，微被白粉，上部两侧黄褐色，中部边缘有黄色纤毛；箨耳宽镰刀形，紫红色，向下弯曲，皱折，密被缝毛；箨舌紫红色，微楔状，边缘具紫红色短毛；箨叶三角形，直立，边缘紫红色，长 4—5 cm。每小枝具叶 1—2 枚。笋期 5 月上、中旬。

原竹用作家具，质地优良，坚实挺直。也可用于劈篾编织。

分布：四川。浙江安吉有引种。

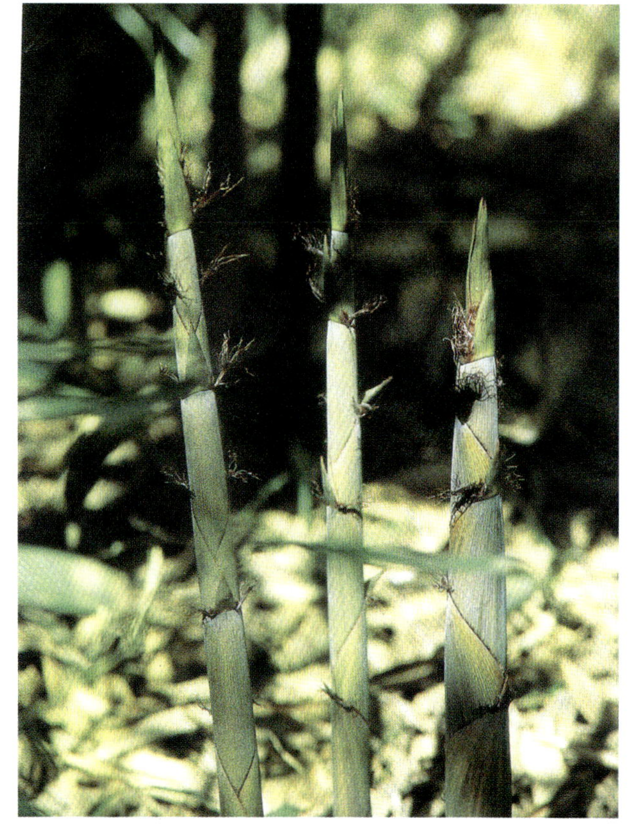

◎ 硬头青 *P. rigida*

河竹

P. rivalis H. R. Zhao et A. T. Liu

别名：筋竹（福建）。

秆高约 4 m，直径 1.5—2 cm，分枝广开展，新秆具白粉及白色短柔毛，箨环初疏生白色纤毛。箨鞘初绿色，后转枯草色，具褐色小斑点及不甚显著的紫色条纹，边缘有淡棕色纤毛；无箨耳及缝毛（或有少数缝毛）；箨舌截平或微凹，边缘密生淡棕色纤毛；箨叶狭三角形，绿色，直立。小枝曲折，下垂，每小枝一般具叶 3—5 枚，叶片形小，质地较硬，矩圆状披针形，背面密生白色细柔毛，叶鞘上部密生柔毛。笋期 5 月上旬。

笋味鲜美，供食用。秆作篱笆及帐竿。

分布：广东、福建、浙江南部，常见于溪涧边、山沟旁。

◎ 河竹 *P. rivalis*

芽竹

P. robustira mea S. Y. Chen et C. Y. Yao

别名：燕子竹（浙江）、水竹（福建）。

秆高 5－7 m，直径 3－4 cm，新秆紫绿色，被白粉，光滑无毛，渐转淡绿色。箨鞘质较薄，淡绿紫色至绿紫色，上部箨鞘先端有乳白淡紫色放射状纵条纹，有稀疏短毛，基部箨鞘被白粉，箨鞘边缘淡绿色，有稀疏短纤毛；箨耳于上部箨鞘发育，具数枚淡绿色繸毛；箨舌淡绿色，截形或略弧形，先端具淡绿色纤毛。分枝上举。叶耳发达并具淡绿褐色繸毛。笋期 4 月中下旬。

笋食用，竹材可整秆使用或供编织。

分布：浙江、福建。

◎ 芽竹 *P. robustira*

红后竹

Phyllostachys rubicunda Wen

别名：安吉水胖竹。

秆高 5.7－6.2 m，直径 2.7－4.5 cm，秆壁厚 2.5－3 mm，新秆深绿色，略带紫色，无毛，无白粉或有微量白粉，粉环明显，全秆有 39－40 节，节间绿色，光滑或较光滑，秆环略高于较平的箨环或与其同高。

箨鞘淡绿色，有紫色纵条纹，无毛无斑点，被少量白粉或在解箨时有块状白粉，箨边有稀疏的白色和水红色相间的纤毛，先端不均齐而凹隔，两边常不对称，或有时呈截状或波状而多变；箨耳无或上部箨鞘有不明显的箨耳，无繸毛；箨舌宽短，先端呈凹隔、截状或波状起伏而不均齐，绿色，边缘有白色和水红色相间长而密的纤毛；箨片三角形至狭三角形或披针形，淡绿色，先端淡紫色。

第 10－11 节开始分枝，枝与秆所成角度为 40－45 度，小枝有叶 3－4 枚，叶片厚革质，绿色，长 3.6－12.5 厘米，宽 0.6－2.2 厘米，披针形，叶鞘光滑或仅在边缘有纤毛；叶柄下表面有多毛，无叶耳，有鞘口长繸毛；叶舌甚短不伸出，高仅 0.3 毫米，边缘具细纤毛。笋期 5 月中下旬。

笋可食，竹材可整秆材用。

分布：浙江省安吉县晓市、青山，福建永定、闽清、永安、三明，江西兴国、定都、泰和和安徽等地，生长于水边或路边。

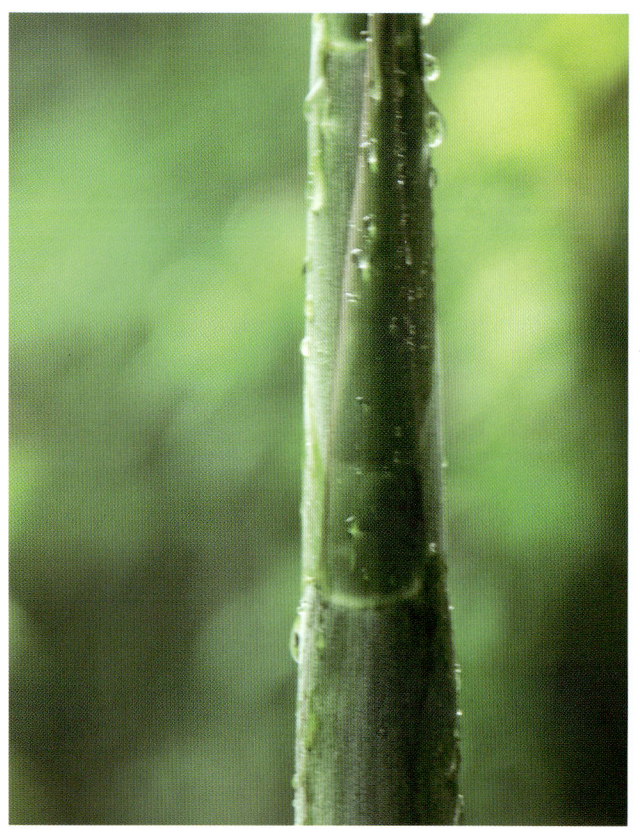

◎ 红后竹 *Phyllostachys rubicunda*

红边竹

P. rubromarginata McClure

别名：囡儿子竹、小囡竹(浙江)，观音竹(广西)。

秆高 3－6 m，直径 2－3 cm，节间相对很细长，节平，节内距离常在 5 mm 以上。箨鞘淡绿色带淡紫红色，边缘紫红色，基部被一周白色短毛；无箨耳，仅具几根易脱落之繸毛；箨舌短，微凹，紫红色，边缘具细

◎ 红边竹 *P. rubromarginata*

长须毛；箨叶绿色，边缘及顶端紫红色，直立，矛形至长披针形。叶舌紫红色。笋期4月下旬。

竹材柔韧，为优良的篾用竹，用于编织篮、筐等生活用品，亦可制作笛子等乐器。笋可食用。

分布：浙江、广西。

◎ 红边竹 *P. rubromarginata*

衢县红竹

P. rutila Wen

别名：红壳竹（浙江衢县）。

秆高 6－10 m，直径 3－6 cm，新秆绿色，初被白粉，无毛。箨鞘鲜红色，具褐色斑点与纵脉，上部尤密，被疏毛；箨耳通常发达，长椭圆状至卵状，边缘有屈曲开展的綫毛；箨舌紫色，先端呈弓状突起，有缺裂，边缘有粗纤毛，两边略为下延；箨叶绿色，后变紫色，狭披针形，通常皱褶，开展至反转。笋期 4 月。

本种近似于红竹 *P. iridescens* 特别是笋的外形与颜色很像红壳竹，但本种箨鞘被刺毛，具发达之箨耳与綫毛，秆绿色无纵纹，箨环初具黄棕色刺毛，有明显区别。

为笋竹兼用之竹。

分布：浙江、江苏、安徽。

◎ 衢县红竹　*P. rutila*

金竹

P. sulphurea (Carr.) A. et C. Riv.

别名：黄皮刚竹、黄皮绿筋竹、黄金竹、黄竹、黄皮竹、黄竿(均见《坪井竹类图谱》)

秆高 6—10 m，直径 5—8 cm，分枝以下仅具箨环。秆及枝呈金黄色，有的秆节间(非沟槽处)常具 1—2 条甚狭长之纵长绿条纹，箨环下有一圈残缺的绿色环。箨鞘呈黄色并具绿纵纹及不规则的淡棕色斑点，无毛；无箨耳及鞘口缝毛；箨舌显著，先端截平，边缘具粗须毛；箨叶细长呈带状，其基部宽为箨舌之 2/3，反转，下垂，微皱，绿色，边缘肉红色。笋期 5 月上、中旬，可持续到 7—8 月仍有少量发笋。

竹材坚实，宜整秆材用作农具柄及搭茅棚、猪圈等小型建筑。篾性尚好，供编织农具及生活用品。笋略苦，煮或水浸后烹调尚好。

分布：长江流域以南各地。

绿皮黄筋竹

P. sulphurea 'Houzeau'

别名：黄槽刚竹。

与原变型的区别在于竹秆绿色，纵槽淡黄色。用途同金竹。

分布：江苏、浙江、河南、江西有栽培。

◎ 绿皮黄筋竹 *P. sulphurea* 'Houzeau'

黄皮绿筋竹

P. sulphurea 'Robert Young'

与原变种区别在于其秆黄色，但分枝凹槽为绿色。

◎ 黄皮绿筋竹　*P. sulphurea* 'Robert Young'

刚竹

P. sulphurea 'Viridis'

别名：浙江刚竹、江苏刚竹（陕西），光竹、台竹、柄竹（浙江），焦皮竹（河南），胖竹（《中国高等植物图鉴》）。

与金竹区别之处在于其秆全为绿色。

用途同金竹。

分布：长江流域一带野生或栽培。

◎ 刚竹　*P. sulphurea* 'Viridis'

天目早竹

P. tianmuensis Z. P. Wang et N. X. Ma

别名：打雷竹、燕竹(安徽)。

秆高 4—7 m，直径 3—4 cm，幼秆亮绿色，分枝凹槽部位带黄色，光滑无毛，无白粉。箨鞘浅红褐色，微被白粉，具褐色小斑点，上部稀疏，下部较密，上部边缘红紫色，无纤毛；无箨耳及鞘口缝毛；箨舌暗紫褐色，先端拱起或近于平截，边缘具短纤毛，背部有直立粗硬毛；箨叶绿色，边缘黄色，长披针形至带状，外翻，先端及中部以上皱褶。笋期 3 月下旬。

本种与早竹 *P. violascens* 相似，但本种幼秆无白粉，叶耳及鞘口缝毛缺，箨鞘中上部斑点明显稀疏以及箨舌不下延等有别。

笋供食用。

分布：浙江、安徽。

◎ 天目早竹 *P. tianmuensis*

乌竹(光壳竹)

P. varioauriculata S. C. Li et S. H. Wu

中小型竹，秆高 3－4 m，直径 2－3 cm，中部节间长 20－30 cm；新秆深绿色，有雾状白粉，无毛，老秆灰绿色，有垢状斑，秆壁厚 3－4 mm。秆环箨环均隆起，带紫色，秆环较高，箨环下有白粉圈。

笋箨密被易脱落的白色倒刺毛，秆箨纸质，红褐色，有黄白色纵条纹，无斑点，干后呈稻秆色；下部秆箨箨耳不明显或有小箨耳，上部箨耳发达，呈狭镰刀状，先端有紫色长缝毛；箨舌中部隆起，呈弧形，高 2－3 mm，深紫褐色，先端有白色短纤毛；箨叶带状披针形，笋期微皱折，后平直，多贴秆而生，不反曲，基部微窄于箨舌，均为箨舌宽的 2/3。

每小枝 1－2 叶，鞘口有紫色缝毛，易脱落；叶舌黄绿色，叶背基部微被毛。笋期 4 月下旬至 5 月上旬。

本种竹笋味佳，供食用。竹材壁厚，力学性质好，可供棚架等建筑材用等，劈篾性较差。

分布：安徽省舒城等地。日本、法国等国有引种。

◎ 乌竹　*P. varioauriculata*

◎ 乌竹 *P. varioauriculata*

长沙刚竹

P. verrucosa G. H. Ye et. Z. P. Wang

秆高 3－5 m，直径 1－2 cm，新秆带紫色，节强烈隆起，秆环高于具硬毛的箨环。箨鞘纸质，近于无斑点，脉间具细疣，基部及顶端有时上部边缘具硬毛；箨耳及鞘口缝毛不发育；箨舌高达 5 mm，黑紫色，顶端强烈地弧形；箨叶反曲，带状，紫黄色。小枝具叶 2－3 枚，叶耳及缝毛缺，叶舌高约 1 mm。叶片矩圆状披针形，长 7. 5－9. 5 cm，宽 0.8－1.5 cm。笋期 4 月。

本种与石绿竹 *P. arcana* 接近，唯箨环、箨鞘的基部和顶部、有时连同边缘的上部均具硬毛可以与之区别。

分布：湖南长沙。

◎ 长沙刚竹　*P. verrucosa*

早竹

P. violascens C. D. Chu et C. S. Chao

别名：早园竹、雷竹、早哺鸡竹(浙江)。

秆高 7—11 m，直径 4—8 cm，节间短而均匀，长约 20 cm；新秆节带紫色，密被白粉，基部节间常具淡绿黄色的纵条纹。箨鞘褐绿色或淡黑褐色，初具白粉，密被褐斑；箨耳及鞘口缝毛不发育；箨舌先端拱凸，具短须毛，中上部箨两侧明显下延；箨叶长矛形至带形，反转，皱褶。笋期 3 月下旬至 4 月上旬或更早，故谓之早竹。

笋味鲜美，是浙沪一带早春主要的时令菜鲜之一。

分布：江苏、浙江、上海、安徽、福建。湖南、江西有引种。

◎ 早竹　*P. violascens*

◎ 黄条早竹 *P. violascens* f. *notata*

黄条早竹

P. violascens f. *notata* S. Y. Chen et C. Y. Yao

与原变型之区别在于节间沟槽为黄色。

花秆早竹

P. violascens f. *viridisulcata* P. X. Zhang et W. X. Huang

与原变型之区别在于节间金黄色并间有少量绿色纵条纹,部分竹叶也间有少量黄色条纹。可供栽培观赏。

东阳青皮竹

P. virella Wen

秆高 6 m，直径 5 cm，节间长约 30 cm，幼秆绿色，无白粉，被细柔毛；老秆嫩绿色，节内和节下具白粉，秆环隆起具脊，高于箨环。秆箨初灰绿色，具稀疏均匀之小斑点；箨耳缺如；箨舌深紫色，高 1 mm，截状，具直立长纤毛；箨叶带状三角形，直立，绿色，边缘紫色，略有皱褶。每小枝具叶 2—3 枚，叶片阔披针形至长椭圆形，长 11—16 cm，宽 2—2.5 cm。

分布：浙江东阳。

◎ 东阳青皮竹 *P. virella*

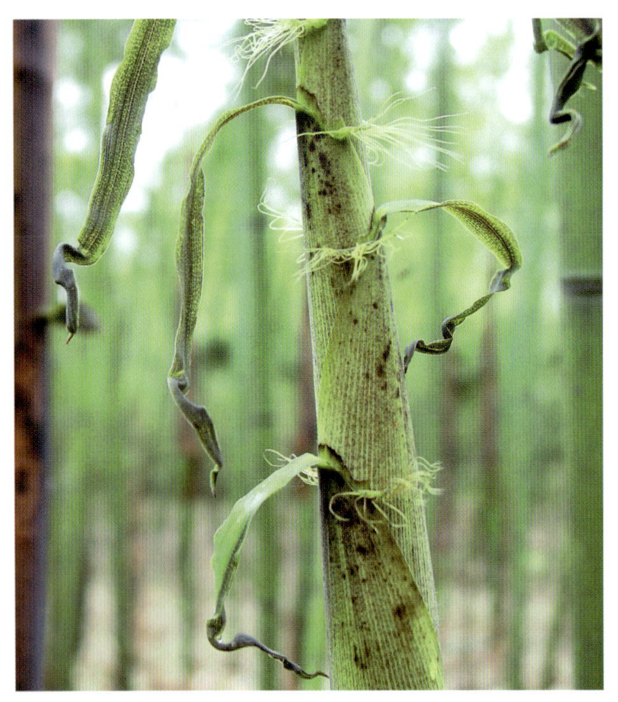
◎ 绿粉竹 *P. viridi-glaucescens*

绿粉竹

P. viridi-glaucescens (Carr.) A. et C. Riv.

别名：粉绿竹(《竹林培育》)、金竹(江苏宜兴)、乌竹(浙江)、红根笋竹(福建)。

秆高4—9 m，直径2—4 cm，幼秆深绿色，密被白粉，节间无明显的纵肋，秆环突隆起。箨鞘淡棕紫色，有明显的直粗毛和小斑点，顶部斑点呈块状分布；箨耳甚发达，窄长镰刀形，紫褐色或淡绿带紫色，具淡绿色长而多的缝毛；箨舌强隆起，紫褐色；箨叶带状，上半部皱褶，外翻，笋期4月下旬。

笋味较好，供食用。秆作柄材用。

分布：江苏、浙江、福建。

◎ 乌哺鸡竹 *P. vivax*

乌哺鸡竹

P. vivax McClure

别名：雅竹(江苏、山东)，凤竹(河南)，乌桩头(浙江杭州、嘉兴)，墙竹(江苏常熟)，榉竹(江苏宜兴)，麻哺鸡竹、鸡笋、王莽竹(浙江萧山)。

秆高6—12 m，直径可达8—10 cm，新秆绿色，节下具白粉环，节间具颇明显的纵脊条纹。箨鞘密被稠密的烟色云斑或斑点；无箨耳及鞘口缝毛；箨舌短而中部强拱起，两侧显著下延，箨叶细长，前半部强烈皱折。竹叶较长大而呈簇叶状下垂，外观醒目。笋期4月中、下旬。

笋味鲜美，为较优良的笋用竹种。竹秆壁薄而脆，可编制篮、筐等。

分布：浙江、江苏、福建、河南、山东等地。

黄秆乌哺鸡

P. vivax f. *aureocaulis* N. X. Ma

与原变型之区别在于秆全部为硫黄色，并不规则间有绿色纵条纹。

为优良的观赏及笋用两用竹种。

◎ 黄秆乌哺鸡竹 *P. vivax* f. *aureocaulis*

黄纹竹

P. vivax f. *huanvenzhu* J. L. Lu

竹秆节间凹槽部位黄色而区别于原变型，能耐－23℃低温。

笋味甜，为良好的笋用竹种。

云和哺鸡竹

P. yunhoensis S. Y. Chen et. C. Y. Yao

别名：乌龟笋竹(浙江云和)。

秆高 4—7 m，直径 3—4 cm，新秆被白粉，节下具狭的白粉圈，节稍隆起。箨鞘暗绿色至棕黄色，微被白粉，无毛，密被酱色细点与斑，先端尤密；箨耳绿色，镰刀形或卵形，脱落性，耳缘密被紫色长缝毛；箨舌微弧形，呈浅驼峰状，紫色，先端有紫色长纤毛；箨叶带状外翻，两侧边缘橘黄色，中间绿色，笋幼时为绿紫色。笋期 4 月中旬。

本种与白哺鸡竹 *P. dulcis* 甚相似，但本种新秆被白粉，箨鞘光滑无毛，箨鞘颜色及密被斑等可以与之区别。

笋味鲜美。秆篾性脆，可作整秆材用。

分布：浙江云和。

◎ 云和哺鸡竹 *P. yunhoensis*

◎ 云和哺鸡竹 *P. yunhoensis*

九、大明竹属

Pleioblastus Nakai

高舌苦竹

P. altiligulatus S. L. Chen et S. Y. Chen

秆高 2—3 m，直径 1—1.5 cm，新秆无毛，具白粉，节间长达 24 cm，节明显。箨鞘宿存，绿色，薄革质至纸质，无毛，边缘具纤毛；无箨耳及繸毛；箨舌高约 3 mm，具白粉；箨叶披针形，下垂，绿色，顶部边缘淡紫色。每小枝具 2—3 叶，无叶耳，叶舌高约 3 mm，叶片披针形；长 12—14 cm，宽 1.4—1.9 cm，下表面密被微柔毛。笋期 4 月。

分布：浙江庆元湖山。

苦竹

P. amarus（Keng）Keng f.

别名：伞柄竹。

秆高 3—5 m，直径 1—2 cm，节间长 25—30 cm，幼秆厚被白粉。箨鞘厚纸质至革质，淡黄绿色，被淡棕色刺毛，基部密生一圈棕色刺毛；箨耳微小，具直立的棕色繸毛数枚；箨舌截形，高 1—2 mm，先端具纤毛；箨叶细长披针形，背面粗糙。每节分枝 3—5 枚，叶片披针形，长 14—20 cm，宽 1—2.8 cm，下面具微毛，无叶耳及繸毛。笋期 5 月至 6 月上旬。

竹秆可作伞柄、旗杆和制竹器。笋味苦，不能食用。

分布：长江流域各省及云南、贵州省。

◎ 苦竹　*P. amarus*

杭州苦竹

P. amarus var. *hangzhouensis* S. L. Chen et S. Y. Chen

与原变种的主要区别为秆光滑无污粉，箨鞘绿色或绿色带紫，有光泽，无粉无斑点，无箨耳，且箨叶为线状披针形等。

分布：浙江杭州等地。

◎ 杭州苦竹 *P. amarus* var. *hangzhouensis*

垂枝苦竹

P. amarus var. *pendulifolius* S. Y. Chen

与原变种的主要区别在于具叶小枝下垂，箨鞘无粉以及箨舌凹截形等。

光箨苦竹

P. amarus var. *subglabratus* S. Y. Chen

与原变种区别为其箨鞘无毛，稍有粉，粉易落，叶片长达 26 cm、宽达 4.9 cm 等特征。

分布：浙江。

胖苦竹

P. amarus var. *tubatus* Wen

与原变种区别在于本变种秆箨较硬，基部近无毛，笋先端急尖，腰胖，绿色且有油光，箨叶先端钝圆。

分布：浙江富阳。

青苦竹

P. chino (Franchet et Savatier) Makino

秆高 3－4 m，直径约 2 cm。箨鞘、节和节间均无毛；叶鞘通常无毛，有时具细毛。叶片狭披针形，纸质，长 15－25 cm，宽 1.5－2.2 cm，两面无毛或有时下表面基部被毛，肩毛白色平直。

分布：上海、浙江杭州等地有栽培。

狭叶青苦竹

P. chino var. *hisauchii* Makino

别名：长叶苦竹。

秆高 2－3 m，直径 0.5－1.5 cm，节间长 20－25 cm；箨环稍隆起，具一圈箨鞘基部残留物，箨环下白粉圈明显，每节分枝 3－9 枚。箨鞘宿存或迟落，淡暗绿色，无毛，边缘具纤毛，基部有一圈脱落性倒向纤毛；无箨耳，少有 1－2 条直立缝毛；箨舌截平形，被细柔毛；箨叶狭长披针形，青绿色。无叶耳，叶片线状披针形，长 15－24 cm，宽 0.7－1.5 cm。笋期 5－6 月。

秆光滑，色泽多变化，紫绿色至橄榄绿色，叶片细长故为庭园绿化竹种。

分布：浙江。福建厦门万石公园有引种。

◎ 狭叶青苦竹 *P. chino* var. *hisauchii*

菲白竹

P. fortunei（Van Houtte）Fiori

矮小竹种，秆高 0.2－0.8 m，直径 0.1－0.2 cm，节间圆筒形，秆环平。每节分枝 1 枚。秆箨宿存，无毛。每小枝具叶 4－7 枚，叶鞘无毛，鞘口具白色缝毛；叶片小，披针形，长 6－15 cm，宽 0.8－1.4 cm，叶两面具白色柔毛，背面较密。叶片绿色而具明显的白色或淡黄色条纹。

园林或盆栽观赏。

分布：原产日本。我国江浙地区及上海等地有引种栽培。

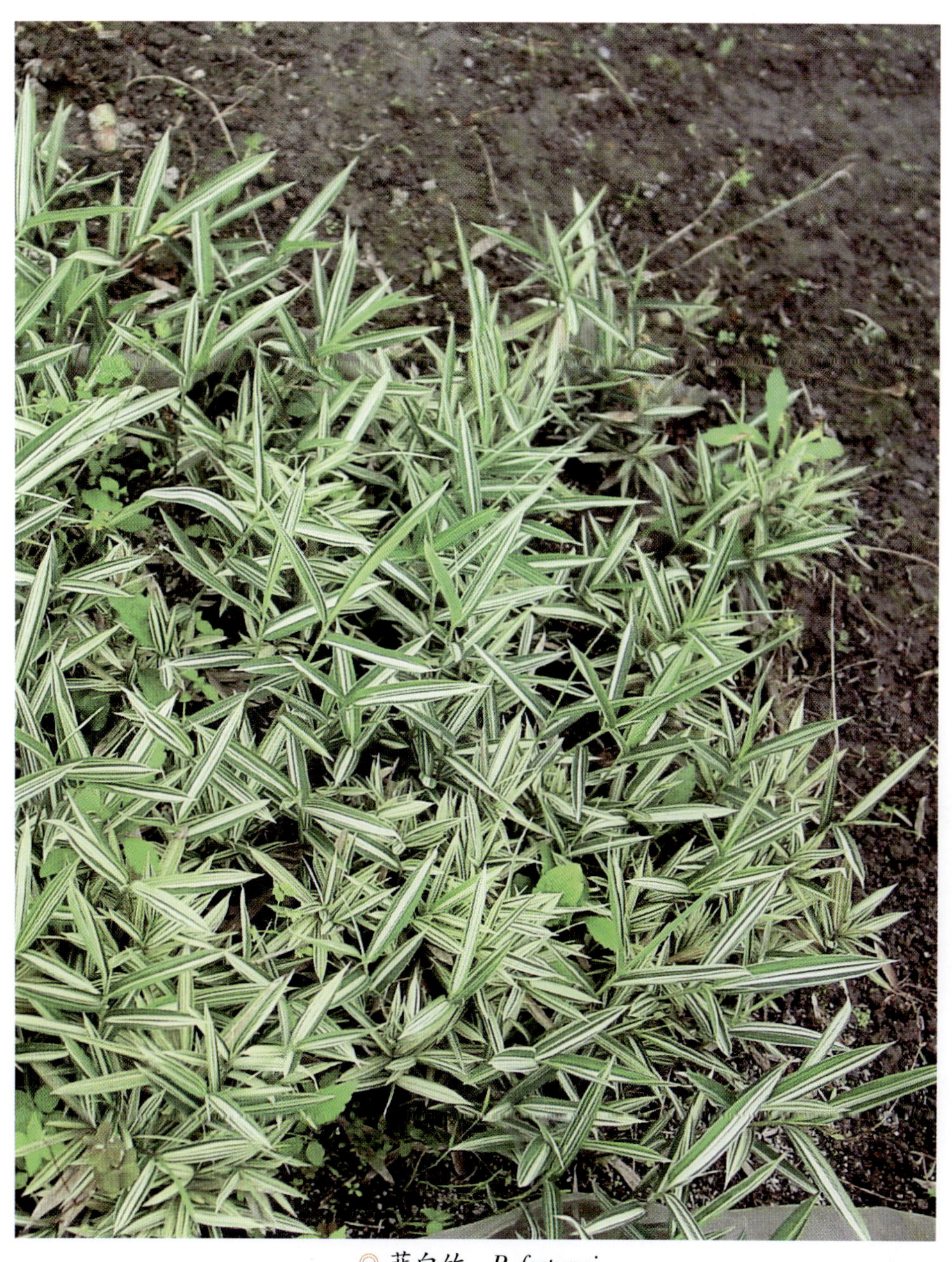

◎ 菲白竹 *P. fortunei*

大明竹

P. gramineus (Bean) Nakai

秆高 3—4 m，直径 0.5—1.5 cm，新秆绿黄色，无毛；箨环平，节下具有白粉圈。箨鞘绿色至绿黄色，短于节间，上被白色脱落性小刺毛，边缘具易落纤毛；箨耳及燧毛缺如；箨舌截形或微凹；箨叶窄披针形，直立或开展。每节分枝多枚，先端下垂，叶片线状披针形，质厚，长 15—25 cm，宽 0.6—1.4 cm，基部有白色短毛。笋期 5 月下旬。

枝叶纤细下垂，作庭园绿化甚佳。笋味苦不堪食。

分布：广东、福建。江苏、浙江、上海等均有栽培。

◎ 大明竹 *P. gramineus*

球节苦竹

P. globinodus C. H. Hu

秆高 3.5 m，直径 1.5 cm，节间长 24—37 cm，秆淡绿色，老时变淡绿黄色，质脆，光滑，节下具白粉；秆环明显隆起并膨大如球形，节内长 5—6 mm，箨环不隆起，但具一圈显著的箨鞘残留物。秆箨革质，宿存，背部具疏长硬毛，或可早落似无毛，基部具一圈密集棕色短刺毛；箨耳小型或无，常有 1—2 根燧毛；箨舌平或微凹，高约 2 mm；箨叶直立或外翻，披针形或狭三角形，绿色，常内卷而呈钻状。每节分枝 5—7 或更多，枝鞘纸质，宿存，叶片长矩形兼长披针形，长 7—19 cm，宽 1.5—2.5 cm，两面无毛。笋期 10—11 月。

分布：海南白沙。

秋竹

P. gozadakensis Nakai

秆高 3—4 m，直径 1 cm 左右，幼秆无毛，无粉或被少量白粉。箨鞘淡草绿色，长为节间的 2/3—3/4，先端与边缘色略淡，稍光亮，除基部具一圈淡棕色脱落性绒毛外，其余无毛；箨耳及鞘口燧毛缺如；箨舌淡绿色，凹截形，高 1—2 mm；箨叶绿色，边缘淡色，不对称开张或反转。叶片披针形，长 12—20 cm，宽 1.5—3 cm，笋期 5 月初至 6 月上旬。

篾性好，可供缚束物。秆形小，一般全秆作篱笆或农作物棚架之用。

分布：福建。浙江有栽培。

仙居苦竹

P. hsienchuensis Wen

秆高 5 m，直径 2—3 cm，节间长 30 cm，秆环隆起，箨环木栓质，被刺毛，节下具白粉。秆箨绿色，被刺毛和白粉，基部边缘有长刺毛密生，边缘秃净，先端急尖;箨耳发达,呈镰刀状张开,半抱茎,长 0.7 cm,宽 0.3 cm,缝毛直立,长 10—15 mm,在箨鞘顶端呈半月形散开;箨舌波状,中部略耸起;箨叶狭带状,直立或反转。每小枝具叶 4—5 枚,叶鞘被白粉,叶耳椭圆状伸出,缝毛长达 13 mm,叶片披针形。

分布:浙江仙居、富阳、三门等地。

绿苦竹

P. incarnatus S. L. Chen et G. Y. Sheng

秆高 3.5 m,直径 1.5 cm,节具白粉及倒向的疏柔毛,微隆起。箨鞘绿色,上部边缘淡红色,密被白粉,疏生倒向的黄褐色刺毛,基部具短毛,边缘具缘毛;无箨耳及缝毛;箨舌绿色或变红色,截平或近弧形,高 5 mm,边缘具短睫毛;箨叶带状,绿色或紫罗蓝色,反转。每节分枝 5—7 枚,每枝具叶 3—4 枚,叶片三角状卵形或椭圆状披针形,长 9—17 cm,宽 1.4—2.5 cm,叶背面具毛。

分布:福建政和。

华丝竹

P. intermedius S. Y. Chen

别名:利世竹(浙江)。

秆高 3—4 m,直径 1—2 cm,新秆绿色,厚被白粉,节内上半部被有肉眼不易见的脱落性小糙毛。箨鞘迟落,几乎等长于节间,被脱落性小刺毛,上部边缘焦枯色;具微弱发育的箨耳和缝毛;箨舌凹截形或弧形,高 3—4 mm,被白粉;箨叶披针形,开张或反转,略向背面翻卷。叶片披针形,长 12—25 cm,宽 25—32 cm。笋期 4 月下旬。

秆坚硬,宜作伞柄等用。篾性差,不宜破篾。

分布:浙江。

衢县苦竹

P. juxianensis Wen et al.

秆高 1.7—3 m,直径 1—3 cm,新秆绿色,微被白粉,节下厚被白粉,形成明显白粉圈,无毛;箨环上具一圈棕色的短刺毛。箨鞘绿色,被白粉,基部被脱落性小刺毛,上部光滑无毛,边缘具纤毛;箨耳发达呈半月形,褐色,边缘具发达的淡棕色缝毛;箨舌截形,被白粉;箨叶披针形,开展至外翻。叶片长 12—16 cm,宽 2—2.6 cm。笋期 5 月上旬。

秆可作伞柄。

分布:浙江。

◎ 衢县苦竹 *P. juxianensis*

◎ 衢县苦竹 *P. juxianensis*

黄条金刚竹

P. kongosanensis Makino f. *aureo-striatus* Muroi et Y.Tanaka

秆高 1.5－2.0 m，直径 4－6 mm，节间长 20－25 cm，幼时被白粉，节下尤密，光滑无毛。秆环稍隆起，箨环紫色，无毛。箨鞘宿存，箨耳及缝毛绿色，箨舌截平形，高约 1 mm，箨片披针形。

每节 1 分枝，直立。叶片具黄色条纹 1－5 条，其宽幅为叶宽的 1/8－1/20。

分布：原产日本名古屋，为近些年引入观赏栽培竹种。

◎ 黄条金刚竹 *P. kongosanensis* f. *aureo-striatus*

琉球矢竹

P. linearis（Hackel）Nakai

秆高 3－4 m，直径 1.5－2 cm；箨鞘密被长毛，无箨耳及缝毛；箨舌拱凸，箨叶线状披针形。每小枝具叶 4－5 枚，叶片厚纸质，长披针形，长 10－18 cm，宽 0.5－0.7 cm，两面无毛，下垂，稀具肩毛；肩毛长 6－8 mm，白色平直。

分布：琉球群岛特产。我国台湾地区有引种。

硬头苦竹

P. longifimbriatus S. Y. Chen

秆高 3－4 m，直径约 1.5 cm，新秆密被不均匀的针点状紫点和白粉，无毛，节间长 25－40 cm。箨鞘薄革质，长度约为节间的 1/2 左右，初被白粉，仅鞘基部被脱落性毛状物，边缘具淡棕色短纤毛；箨耳狭镰刀形，具紫色放射状长达 10－15 mm 缝毛；箨舌截形，高 5－10 mm，具短绒毛，箨叶披针形，叶耳形状不稳定，边缘具 8－10 mm 长的缝毛，叶片质薄，长 10－14 cm，宽 2－2.8 cm。笋期 5 月下旬至 6 月。

篾性差，不宜破篾；秆可作棚架、篱笆等用。

分布：广东。浙江有栽培。

◎ 斑苦竹 *P. maculates*

斑苦竹

P. maculates (McClure) C. D. Chu et C. S. Chao

秆高 3—4 m，直径 1.5—2 cm，新秆绿色，厚被脱落性白粉，节间长 20—35 cm；箨环具圆环状木栓质残留物。箨鞘革质，迟落，淡棕色，疏被棕色细点或具紫红色条纹，具油脂光泽，基部具棕色长绒毛；箨耳小，半月形，紫色，具数条紫红色脱落性緣毛；箨舌紫红色，微凹或波状，高约 3 mm；箨叶披针形，外翻。叶片披针形，长 13—18 cm，宽 1.5—2.5 cm。笋期 5 月至 6 月初。

整秆作篱笆及搭棚架等用。

分布：广西、四川、云南、湖南、江西、福建。浙江、江苏、陕西有栽培。

丽水苦竹

P. maculosoides Wen

秆高 6. 5 m，直径 2—3 cm，节间长 40 cm，薄被白粉，节下有细柔毛，节略隆起，箨环被绒毛。箨鞘初绿色，具棕褐色斑点与褐棕色疣基刺毛，边缘具棕色纤毛，略被白粉，基部具棕色绒毛；箨耳缺如或微弱，略在两肩隆起，表面被褐色糙毛，边缘无緣毛或偶见少数短緣毛直立；箨舌高 8 mm，近三角形，先端具白色细纤毛；箨叶狭披针形至带状，反转，边缘秃净内卷，内表面基部有棕色细毛。每节分枝 3—5 枚，每小枝具叶 3—5 枚，通常无叶耳及緣毛，偶见发达，叶舌三角形，高 3—4 mm，叶片阔披针形，长 12—19 cm，宽 1.7—2.3 cm。

分布：浙江丽水。

皱苦竹

P. rugatus Wen et S. Y. Chen

别名:实肚苦竹。

秆高达 5 m,直径 2 cm,节间长 35 cm,节略隆起,节下有白粉环,箨环有白色细毛。箨鞘革质,被脱落性刺毛,基部有绵毛,先端急尖;箨耳镰刀状开展,边缘具长 8 mm 之缝毛;箨舌略弓状或近截状,边缘先端有细纤毛;箨叶长三角形,直立而皱折,背面被绢毛。每小枝具叶 3—4 枚,叶舌具白粉,通常无叶耳及缝毛,叶片披针形或长椭圆形,长 11—18 cm,宽 1.4—3 cm。

分布:浙江黄岩。

三明苦竹

P. sanmingensis S. L. Chen et G. Y. Sheng

秆高约 5 m,直径 3 cm,节间长 33—40 cm,幼时具白粉,节稍隆起。箨鞘革质,淡黄棕色,边缘黄白色,密被短柔毛,具紫色大小不等的斑点,基部具短毛,边缘具短缘毛;箨耳较大,卵形或椭圆形,紫色,边缘密被短柔毛,缝毛粗壮放射状,长 10 mm;箨舌紫色,高约 10 mm;箨叶狭披针形,外翻。每节分枝 3—5 枚,每枝具叶 3—4 枚,叶片菱状披针形,长 9—25 cm,宽 1.5—3 cm,叶耳发达,具放射状长缝毛。

分布:福建三明市。

实心苦竹

P. solidus S. Y. Chen

秆高 4—5 m,直径 1.5—2 cm,节间长 24—35 cm,幼秆被小粗毛,秆环与箨环均隆起,箨环具厚木栓质环状物。箨鞘淡绿色,微被白粉和稀疏脱落性白色刺毛,基部具一圈棕黄色细刺毛,边缘具缘毛;箨耳镰刀状,具淡棕色较发达的缝毛;箨舌截平或微凸,高 2—3 mm;箨叶披针形,反转。叶片狭长披针形,长 11—18 cm,宽 1.7—2.1 cm。笋期 6 月。

秆坚硬,篾性脆,宜作伞柄用。

分布:浙江、福建。

宜兴苦竹

P. yixinensis S. L. Chen et S. Y. Chen

秆高 3—5 m,直径 1.2—2.5 cm,新秆绿黄色,厚被白粉,节间长 15—20 cm。箨鞘绿至绿黄色,上部边缘焦枯色,厚被脱落性白粉,上被紫色小刺毛,边缘具紫红色粗纤毛,基部具黄棕色纤毛;箨耳新月形,紧贴鞘口上,具发达的紫红色缝毛;箨舌微凹或呈弧形,高 4—5 mm,厚被白粉;箨叶披针形,背面具白色不明显短绒毛,正面有白色短毛。叶片披针形,长 13—20 cm,宽 2—2.7 cm。笋期 5 月上旬至 6 月。

秆坚硬,作棚架、伞柄等用。笋不宜食用。

分布:江苏、福建、浙江有栽培。

◎ 宜兴苦竹 *P. yixinensis*

十、矢竹属

Pseudosasa Makino ex Nakai

尖箨茶秆竹

P. acutivagina Wen et S. C. Chen

秆高 4 m，直径 2－3 cm，节间长达 35 cm；幼秆被白粉，具白色柔毛，秆环平，箨环略隆起，具木栓质。秆箨宿存或迟落，革质，长于节间，呈长三角形，先端仅宽约 3 mm，初黄绿色，后黄棕色，被棕色刺毛，基部密生黄棕色髯毛，边缘具纤毛；无箨耳及繸毛；箨舌弓状隆起，先端边缘有纤毛；箨叶锥状直立，长 1－2 cm。每节分枝 3 枚，每小枝具叶 2－3 枚，无叶耳及繸毛，叶片宽披针形至卵状披针形，长 16－30 cm，宽 2－4 cm，下表面被短柔毛。

竹材可作篱笆及农用瓜菜架等。

分布：浙江庆元等地。

空心苦

P. aeria Wen

秆高 6 m，直径 2 cm，节间长 30－40 cm，节平。箨鞘近宿存，绿色，被刺毛，基部尤密，边缘褐色有纤毛；箨耳较发达椭圆形，褐色，边缘具细繸毛；箨舌截平；箨叶绿色直立，披针形，有时先端略皱褶，边缘有细锯齿，基部收缩。每小枝具叶 3－5 枚，叶片披针形，较短，长 11－20 cm，宽 1.2－2 cm，两面均无毛，无叶耳，繸毛直立，长达 13 mm，叶舌短截状。

竹材可编制小农具并作烟篇荚等用。

分布：浙江平阳天井乡。

茶秆竹

P. amabilis（McClure）Keng f.

别名：青篱竹、沙白竹、亚白竹、篱竹。

秆劲直，高 7－13 m，直径 4－6 cm，节间长 30－50 cm，秆环平滑，箨环线状凸起，幼时被一圈栗色刺毛，分枝习性高，每节 3 枚，贴秆上举，枝条短小。箨鞘新鲜时棕绿色，密被栗色刺毛，顶端窄，截平形；无箨耳，鞘口繸毛长达 15 mm，波曲状；箨舌高 5 mm，半圆形拱凸，边缘具细软毛；箨叶直立，窄长三角形，边缘粗糙。叶片厚而坚韧，窄长披针形，长 18－35 cm，宽 2－4 cm。

竹材通直、节平、坚韧，为我国传统出口商品，远销欧美、东南亚各国，宜作滑雪杆、钓鱼竿、雕刻、装饰、家具及运动器材等。

分布：广东、福建、湖南、广西等地，尤以广东怀集面积为最大。江西、江苏、浙江等地有引种栽培。

◎ 茶秆竹　*P. amabilis*

◎ 茶秆竹 *P. amabilis*

福建茶秆竹

P. amabilis var. *convexa* Z. P. wang et G. H. Ye

别名:苦竹子(福建政和)。

与原变种区别在于其箨鞘之顶端两侧隆起，箨舌背部具微毛和白粉。

分布:福建政和东平乡。

厚粉茶秆竹

P. amabilis var. *farinosa* C. S. Chao

与原变种的区别在于秆箨纸质,箨叶三角形,颖和外稃密被粉,几无毛。

薄箨茶秆竹

P. amabilis var. *tenuis* S. L. Chen et G. Y. Sheng

与原变种主要区别为箨鞘近无毛,质地较薄,箨舌较短等。

分布:福建三明等地。

◎ 福建茶秆竹 *P. amabilis* var. *convexa*

托竹

P. cantori (Munro) Keng f.

别名:篱竹、厘竹、扫把竹。

秆高 2－5 m,直径 1－3 cm,节间长 15－20 cm,节平,其上、下被黑色蜡质,分枝习性高,枝条贴秆直立或上举。箨鞘宿存或迟落,质地坚脆,疏生易脱落的棕色或黄色刺毛;箨耳小,椭圆形,边缘生曲折縫毛;箨舌中部突起,呈尾脊形,边缘细齿状;箨叶直立,狭长披针形,边缘粗糙。每小枝具叶 7－10 枚,叶耳半月形,边缘縫毛细弱。

竹材可供制家具、帐竿、瓜菜架等。

分布:广西、福建。上海、浙江等地有栽培。

◎ 托竹 *P. cantori*

◎ 托竹　*P. cantori*

纤细茶秆竹

P. gracilis S. L. Chen et G. Y. Sheng

秆高 1.6 m，直径 0.4 cm，节下无白粉，具下向的疏柔毛，节间长达 24 cm，节稍隆起。秆箨迟落，薄革质，无毛或微具柔毛，边缘具下向绒毛，边缘基部密被缘毛；箨耳不明显，缝毛长达 8 mm；箨舌极短；箨叶直立，宽卵状披针形，几等长于箨鞘。每节分枝 2－3 枚，分枝长 6－10 cm，每枝具叶 2－3 枚，叶片披针形或三角状披针形，长 14－19 cm，宽 1.2－1.7 cm。

本种近似茶秆竹，但秆较纤细，直径约 0.4 cm，箨鞘无毛，箨叶宽卵状披针形，几等长于箨鞘；叶片背面无毛，绿色，但近边缘粉绿色或沿主脉有毛可以区别。

分布：湖南宜章等地。

彗竹

P. hindsii（Munro）C. D. Chu et C. S. Chao

别名：四时竹、寒山竹、笔竹。

秆高 2.5－4 m，直径约 1 cm，节间长 13－15 cm，节下具白粉环并疏被脱落性小刺毛。秆箨纸质，淡绿色，或多或少具黄褐色细点，背面疏被黄褐色刺毛和白色柔毛，边缘具缘毛，顶端截平形；箨耳小，棕色，椭圆形，缝毛少数；箨舌弧形，高 1.5 mm，先端具稍粗糙的缘毛；箨叶直立，三角状披针形，绿色，边缘染紫色，先端长渐尖，基部近圆形。每小枝具叶 4－5 枚，叶鞘具密的细刚毛和白粉，边缘具长缝毛。叶片长约 30 cm，宽 2－3.3 cm。笋期 5 月中旬至 6 月初。

分布：浙江、上海、广东等地。

◎ 彗竹　*P. hindsii*

矢竹

P. japonica (Sieb. et Zucc.) Makino

秆高3－4 m，直径1－2 cm，节间长达40 cm，节平，秆环略歪斜；每节分枝1枚，枝与秆近等粗，斜上伸展。箨鞘宿存，短于节间，密被前伸刺毛，基部无毛；无箨耳和繸毛；箨叶细长，线状披针形；箨舌平截，先端无纤毛。每小枝具叶4－7枚，叶片中型，无叶耳及繸毛。

矢竹竹冠较窄，竹秆挺直，姿态优美，宜用于庭园观赏绿化。

分布：原产日本及朝鲜南部。我国江苏、上海、浙江有引种栽培。

◎ 矢竹 *P. japonica*

广竹

P. longiligula Wen

秆高达8 m，直径5 cm，节间长40－56 cm，绿色，节下有白粉，秆环不隆起，箨环有领圈状残箨。秆箨革质，初绿色被褐色刺毛，无斑或有时有斑点，两边有褐色纤毛，基部近无毛；箨鞘先端宽而凹陷；箨舌呈弓状突起，有时截状或微凹，无毛；箨叶狭披针形至带状披针形，直立，无毛，基部略收缩，宽度为箨鞘先端之1/3；箨耳椭圆状横卧，边缘有繸毛。每节分枝1－3枚，叶片阔披针形至狭披针形，长15－22 cm，宽1.3－1.4 cm，叶片下表面具细柔毛。

秆形高大、丰满、节平，用作节架、椅子、帐竿等。笋味佳，可食，是桂北主要经济竹种之一。

分布：广西。

鸡公山茶秆竹

P. maculifera J. L. Lu

秆高2－4 m，直径0.5－1.5 cm，新秆微被白粉，节下白粉环明显，秆髓片状分隔，秆环与箨环均隆起；箨环常具残箨及刺毛环，节间长21－31 cm。箨鞘淡绿色，微被白粉，有绿脉纹及锈褐色斑点和斑纹，尤以基部较密，秆上部箨鞘则无斑点，边缘有脱落性纤毛，底部常具一圈锈褐色毛环；箨叶三角状披针形，外翻；箨舌弧形，高1.5－3 mm，背面被浓密白粉，先端有灰色短纤毛；无箨耳或有时具微弱箨耳和数枚肩毛。每小枝具叶2－4枚，叶带状披针形，下面基部疏生短柔毛，叶舌密被白粉。

分布：河南鸡公山。

毛茶秆竹

P. maculifera var. *hirsuta* S. L. Chen et G. Y. Sheng

与原变种区别在于其箨鞘上部具长硬毛，边缘具长纤毛，箨舌高，叶片线状披针形。

分布：浙江庆元等地。

长舌茶秆竹

P. nanunica（McClure）Z. P. Wang et G. H.Ye

秆高 4 m，直径 1 cm，节间粗糙，节下密被白粉，节隆起。箨鞘早落或迟落，基部被倒向糙硬毛，外部边缘密被纤毛；箨耳及缝毛不发育或缺如；箨舌非常发达，膜质，背面基部具糙硬毛，先端具纤毛；箨叶直立，披针形，背面粗糙，腹面下半部无毛，上部粗糙。分枝第一级最先通常是 3 枚，贴生，近相等，叶片似羊皮纸质，长 10－29 cm，宽 2.3－5 cm，披针形或矩圆状披针形。

分布：湖南莽山、城步，广东连山等地。

狭叶茶秆竹

P. nanunica var. *angustifolia* S. L. Chen et G. Y. Sheng

与原变种区别在于其叶片较窄而短，长 6－20 cm，宽 1－3 cm，叶柄长 2－5 mm，次脉 4－7。

分布：湖南宜步、宜章等地。

面竿竹

P. orthotropas S. L. Chen et Wen

别名：白毛暗竹（福建闽清）、暗竹（福建南靖、福州）。

秆高 3－4.5 m，径 1－2 cm，节间长达 30 cm，幼秆绿色带紫，具白色短刺毛，节下具白粉环，节内长 5－8 mm。秆箨薄革质，近宿存，被极短糙毛，略长于节间；箨耳微弱，镰刀形至卵状，边缘有少数弯曲缝毛；箨叶直立，卵状长三角形，基部微收缩；箨舌极弱，高仅 1 mm，略弧形，先端无毛。每节分枝 3 枚，小枝具叶 4－7 枚，叶片长披针形，长 15－20 cm，宽 1.5－1.8 cm，叶鞘具毛，叶耳及缝毛明显，叶片背面无毛。笋期 5 月底至 6月。

分布：广西，生于石灰岩山地。

◎ 面竿竹　*P. orthotropas*

少花茶秆竹

P. pallidiflora（McClure）S. L. Chen et G. Y. Sheng

秆通常高 1 m，直径 0.3 cm，节间无毛，节下具纤细的短绒毛，秆环显著突出。秆箨宿存；无箨耳及缝毛；箨舌近无；箨叶小，早落。一级分枝 1－3 枚，贴生，叶片披针形或矩圆状披针形，长 15 cm，宽 1.9 cm。

分布：广东。

近实心茶秆竹

P. subsolida S. L. Chen et G. Y. Sheng

别名：箭竹子（湖南）。

本种近似托竹，但秆近实心，箨鞘背部有斑纹，无箨耳或箨耳很小；叶鞘及叶片背部有柔毛，叶片背部的毛较密，有 5－6 对侧脉等特征可以区别。

分布：湖南益阳、福建等地。

平截茶秆竹

P. truncatula S. L. Chen et G. Y. Sheng

秆高 1－1.5 m，直径 0.5－0.8 cm，幼时微被绒毛，老后变无毛。秆箨宿存，纸质，较节间为短，密被白色绒毛和黄褐色刺毛，顶端截平形，边缘密被缘毛；箨舌近截形，高 1 mm，边缘具长缘毛；箨耳及缝毛无；箨叶三角形至卵状披针形，直立，顶端锐尖。每节分枝 1－3 枚，叶片卵状披针形，长 14－33 cm，宽 2.4－5. 5 cm。

分布：浙江杭州。

尖竹仔

P. usawai（Hayata）Makino et Nemoto

别名：包箨矢竹。

秆高 1－5 m，径 0.5－1.5 cm，新秆深绿色，节间长 12－36 cm，秆之下部通常每节分枝 1 枚，秆之上部为 2－3 枚。秆箨坚硬革质，光滑无毛，边缘密生棕色软毛；箨耳不显著，疏生 2－3 枚棕色缝毛；箨舌截形，浅棕色；箨叶线状披针形。每小枝具叶 2－6 枚，幼时多达 12 枚，叶片长 10－30 cm，宽 1.5－4.0 cm，叶耳不显著，叶舌凸出，平截状。

分布：我国台湾地区。

岳麓山茶秆竹

P. yuelushanensis B. M. Yang

秆高 2－3 m，直径 1.5－2 cm，节间长 15－30 cm，有极细的条纹，节稍隆起，幼时节下有白粉和白色柔毛。秆箨迟落，狭三角形，顶端截平，被白色柔毛和棕色稀疏的短针毛，边缘有棕色缘毛；箨耳微弱，有 4－5 枚鞘口缝毛；箨舌截平或拱形；箨叶狭披针形，两面具白色短纤毛和短绒毛，边缘粗糙。每节分枝 1－3 枚，基部贴秆；叶片披针形或矩圆形，长 15－30 cm，宽 2－4 cm，叶鞘有稀疏短柔毛，无叶耳；鞘口缝毛长 5－7 mm，叶舌高 2－2.5 mm。笋期 5 月。

分布：湖南岳麓山。

十一、倭竹属

Shibataea Makino ex Nakai

江山倭竹

S. chiangshanensis Wen

秆高 0.5 m，直径 0.2 cm，节间长 7－12 cm，近半圆形。箨环初具细柔毛，节下具白粉，老秆带红棕色，秆环突隆。箨鞘初淡红色，密披白色细柔毛，基部尤密，边缘有较长白色纤毛；无箨耳与緣毛；箨舌短截状；箨叶紫红色，直立，锥状。每节分枝 3 枚，主枝长 2－2.5 cm，侧枝长为主枝之半，无次级分枝，小枝具叶 1 枚，叶柄长达 0.8 cm，直接着生在小枝之顶端，通常不见叶鞘，叶片卵状至三角形，长 6－8 cm，宽 1.1－2.3 cm，近基部最宽，边缘具长锯齿。

绿化观赏用。

分布：浙江。

鹅毛竹

S. chinensis Nakai

别名：倭竹（《种子植物名录》）、小竹（《浙江通志》）、鸡毛竹。

秆高 0.6－1 m，直径 0.2－0.3 cm，节间长 7－15 cm，无毛。下部节间圆筒形，上部为三棱状，秆环肿胀。箨鞘早落，膜质，背面无毛，边缘有纤毛，鞘口具緣毛。每节分枝 3－6 枚，枝长 0.5－5 cm；叶常一枚生于枝顶，叶片卵形兼披针形或宽披针形，长 6. 5－10.7 cm，宽 1.2－2.5 cm，先端渐尖而有小尖头，两面无毛，叶缘有小锯齿。笋期 5 月底至 6 月。

作绿篱及观赏用。

分布：江苏、浙江、江西、福建、安徽等地。

细鹅毛竹

S. chinensis var. *gracilis* C. H. Hu

该变种以其秆箨基部具一圈浅棕色刺毛，箨叶细小并可呈钩状与原变种不同。

分布：江苏、浙江等地。

黄条纹鹅毛竹

S. chinensis ‘Aureo-striata’

与原变型不同处在于其叶片具数枚宽窄不等的黄色纵条纹。

可观赏栽培。

分布：浙江杭州植物园有栽培。

芦花竹

S. hispida McClure

别名：毛倭竹（《种子植物名录》）、休宁矮竹（《竹类经营》）。

秆高 1 m，直径 0.15－0.4 cm，节间长 8－19 cm，无毛、有光泽，秆环极凸出。秆箨迟落性，矩形，先端急尖，常枯萎作白色，背面深棕色；箨耳及箨舌均缺；箨叶极小。每节分枝 3－4 枚，枝长 3－18 cm，叶卵状披针形，背面灰绿色，散生有向上之白色小刺毛，叶缘粗糙生有小刺毛。

分布：安徽南部休于、黟县一带。

倭竹

S. kumasasa (Zoll.) Makino

别名：五叶箬（《植物学大词典》）。

秆高 1—2 m，直径 0.2—0.7 cm，节间呈三棱形或几为半圆筒形，无毛而有光泽，秆环隆起。箨鞘浅红而带黄色，纸质，背面贴生小绒毛；箨叶长 0.3—0.4 cm；鞘口缝毛长 3—5 mm。每节分枝 2—6 枚，先端具 1—2 叶，通常每节具 5 叶，故称五叶箬。下部叶具有明显坚硬绿色而有纵沟之叶鞘及叶柄，枝鞘宿存，叶片卵形或矩形，长 2—14 cm，宽 0.6—3.5 cm。笋期 5 月下旬至 6月。

作庭园观赏用。

分布：我国台湾、福建等地。上海等地有栽培。

◎ 倭竹 *S. kumasasa*

◎ 狭叶倭竹　*S. lanceifolia*

狭叶倭竹

S. lanceifolia C. H. Hu

秆高 0.45－1 m，直径 0.2－0.3 cm，直立，近于实心；节间短，长 3－4 cm，光滑无毛。箨鞘纸质，早落，光滑无毛，先端有细小之钻状箨叶，长 0.3－0.6 cm；箨耳及燧毛皆缺如。每节分枝 3－5 枚，每小枝具叶 1 枚，稀 2 枚，叶片长披针形，一般长 8－12 cm，宽 0.8－1.6 cm。笋期 5 月。

作观赏地被植物甚佳。

分布：浙江、福建。

翡翠倭竹

S. lanceifolia 'Smaragclina'

本变型其叶片具窄细黄色条纹，每叶片 3－5 条(可多至 10 条)而与原变型区别。

分布：江苏南京华东水利学院内有栽培。

南平倭竹

S. nanpingensis Q. F. Zheng et K. F. Huang

秆高 1—1.7 m，直径 0.4—0.5 cm，节间长 25—30 cm，秆于分枝一侧具沟槽。箨鞘淡绿色，短于节间，被白色脱落性细柔毛，基部尤密；箨叶绿色，条形，长 0.3—0.6 cm；无箨耳及鞘口缝毛；箨舌隆起，高 1.5—4 mm，先端具短纤毛；每节分枝 3 枚，分枝短缩具 2—5 节，无次级分枝，每枝具叶 1 枚，叶片椭圆状披针形，长 17—20 cm。宽 2—3 cm，先端渐尖，尾状。笋期 5 月下旬至 6 月。

本种近于狭叶倭竹 *S. lanceifolia*，但叶形大，节间长达 25—30 cm，秆箨被细毛等可以区别。

作观赏、绿化用。

分布：福建南平及武夷山区。安吉有引种。

福建倭竹

S. nanpingensis var. *fujianica*（C. D. Chu et H. Y. Zhou）C. H. Hu

秆高 0.3—1 m，直径 0.3—0.4 cm，分枝一侧扁平，幼秆密被白粉，有紫色斑点；秆环与箨环均隆起，节内宽 5 mm。箨鞘绿色，上部紫色，背面密被白色短柔毛，边缘具整齐的缘毛，长度短于节周；无箨耳及缝毛，或具少数微弱缝毛；箨舌甚隆起，高 3 mm，先端平截，具纤毛，背面有微柔毛；箨叶条形，微带紫色，反曲。每节分枝 3 枚，每枝仅 2 节，每小枝具叶 1 枚，稀 2 枚，叶片矩圆状披针形，长 17—18 cm，宽 2—2.8 cm，背面密被短柔毛。

作庭园绿化用，供观赏。

分布：福建沙县、南平、崇安等地。

矮雷竹

S. strigosa Wen

别名：雷竹。

秆高 0.5 m，直径 0.3 cm，绿色无毛，秆环极为隆肿，有圆脊，箨环无毛；分枝 3 枚，近等长。秆箨淡绿色，表面疏生脱落性之粗硬褐色光亮的针状刺毛，边缘无纤毛，先端截状；无箨耳及缝毛；箨舌略呈圆弧形或截状，先端边缘有微毛；箨叶甚小，锥状直立。小枝仅具 1 叶，叶片长 5—7 cm，宽 1.5—2.0 cm，两边基部不匀称，上下两面均无毛。

分布：浙江龙泉。

十二、业平竹属

Semiarundinaria Makino ex Nakai

短穗竹

S. densiflorum (Rendle) Wen——*Brachystachyum densiflorum* (Rendle) Keng

别名：苦竹(浙江俗称)。

秆高约 2 m，直径达 1 cm，节间长 7－12 cm。节间无毛，圆筒形或于分枝一侧有沟槽，节下具白粉。箨鞘早落，鲜时绿色间有白色放射状条纹，边缘具紫红色纤毛；箨耳发达镰刀形，紫红色，平展，缝毛放射状；箨舌宽短平截；箨叶绿色，长披针形平展，边缘外翻。每节分枝 3 枚，开展，笋期 4 月。

常整秆作鸡毛掸柄或用于搭瓜菜架等用。

分布：江苏、浙江、江西、安徽、湖北、广东之低山丘陵地带，常为野生状态。

◎ 短穗竹　*S. densiflorum*

◎ 短穗竹 *S. densiflorum*

毛环短穗竹

S. densifiorum var. vil *losum* S. L. Chen et C. Y. Yao

与原变种的主要区别为箨鞘基部有一圈黄棕色毛,箨舌发达中部凸起。

用途同短穗竹。

业平竹

S. fastuosa（Mitford）Makino

秆高 7－8 m，直径 3－4 cm，新秆绿色，经年后变为紫褐色，节稍隆起。秆箨无毛，仅在基部具倒向短刺毛；箨鞘向上变窄，顶端截平；箨耳通常无或很小，呈半圆形，缝毛几无；箨舌低，高 1－1.5 mm，先端具长约 3 mm 之流苏毛；箨叶线状披针形。每节分枝 3－8 枚，每小枝具叶 4－6 枚，叶片宽披针形至披针形，长 12－20 cm，宽 2－2.5 cm，纸质，两面无毛或仅在下表面基部具柔毛。

分布：我国台湾地区。

◎ 业平竹 *S. fastuosa*

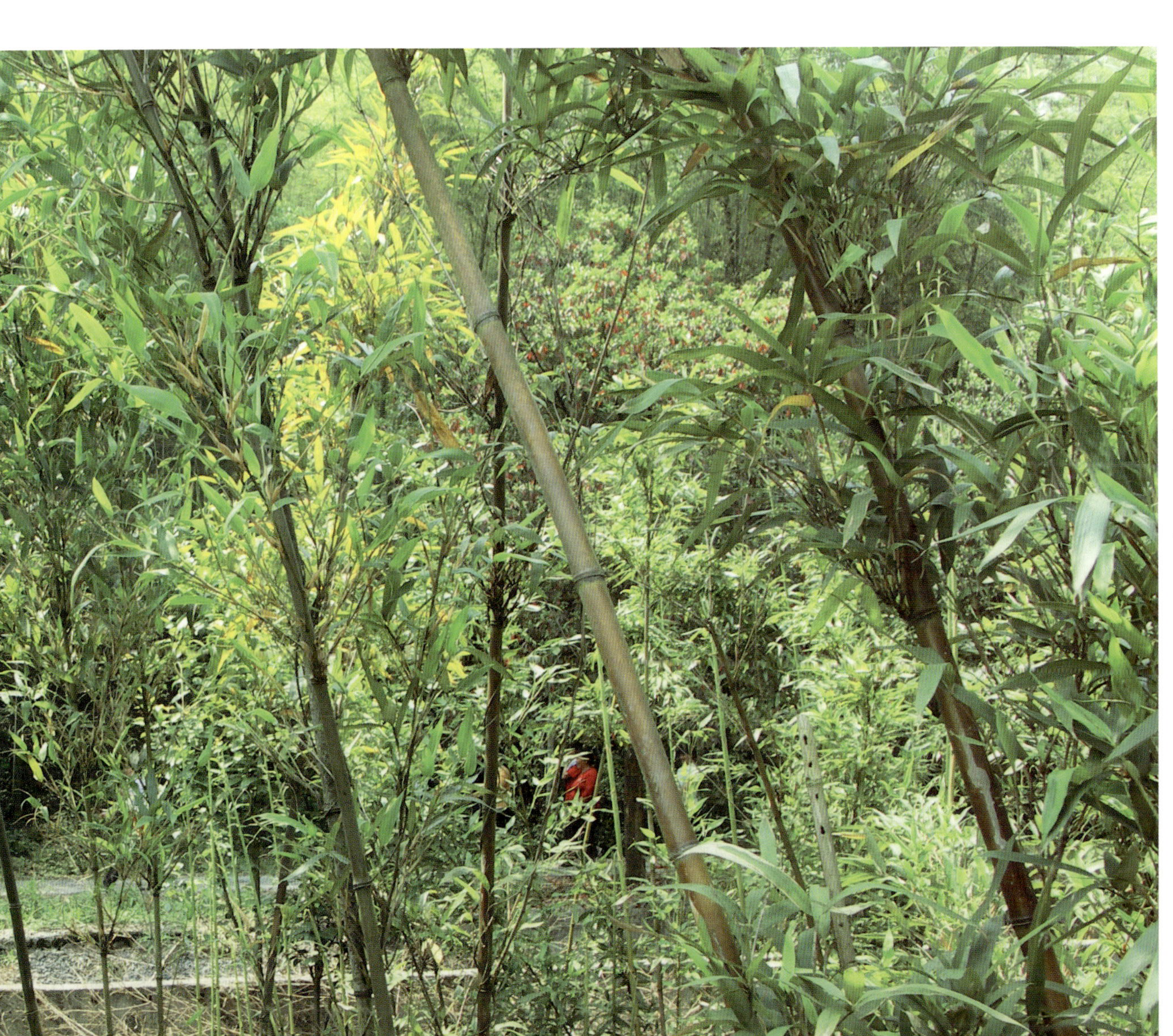

中华业平竹

S. sinica Wen

秆高 3－5 m，直径 1.0－2.0 cm，节间长 15－27 cm，分枝节间扁平，幼秆绿色无毛无白粉。箨鞘绿色，后淡黄棕色，被脱落性细刺毛，边缘及基底均无毛。箨耳淡紫棕色，镰刀状，横卧于箨鞘两肩，先端伸出，边缘具长 4 mm 棕褐色繸毛。箨舌近截状或弧形隆起，边缘无毛。箨叶紫绿色，直立，锥状至狭披针形，内卷。分枝 3 枚，近等粗，末级小枝具 3－5 叶；叶鞘无毛，边缘有白色纤毛；也是高 2 mm，先端略隆起；叶耳卵状至椭圆形，繸毛长 3－4 mm；叶片披针形，基部钝圆，两面无毛。

◎ 中华业平竹　*S. sinica*

十三、唐竹属

Sinobambusa Makino ex Nakai

井冈唐竹

S. anaurita Wen

秆高 5 m，直径 2.0—2.5 cm，节间长 30 cm，幼秆密被白色细柔毛，仅节下具白粉环。秆环显著隆起，箨环木栓质，初被早落性细毛，节内长 5 mm。秆箨长三角形，箨鞘先端山峰状，初黄绿色后红棕色，被向上之褐色刺毛，基部密被粗毛，边缘具脱落性纤毛。箨耳常缺如，或有时偶有卵状及偶有一根直立短缝毛。箨舌先端山峰状突起，高仅 1 mm，两边随箨鞘下延。箨叶绿色带紫，长三角形，直立，被细柔毛。分枝 3，粗细近相等，小枝具 2—4 叶，无叶耳，叶舌发达，先端弧形或山峰状，表面被细毛。

分布：江西、福建等地。

◎ 井冈唐竹 *S. anaurita*

独山唐竹

S. dushanensis (C. D. Chu et J. Q. Zhang) Wen

别名:苦竹。

秆高 10 m,直径 2.5 cm,节间长 25－40 cm,近分枝处微有沟槽,秆环中等隆起。秆箨脱落性,革质,褐黄色或绿黄色带紫色边缘,背部密被棕色刺毛,毛基部具疣基;箨耳发达,半圆状或宽镰状,长 0.5－0.9 cm,两面具极短的糙毛,缝毛密生,放射状,深褐色,长 10－15 mm;箨舌微弧形或近平截,高 2－4 mm,先端具紫色短纤毛;箨叶披针形,绿色略带紫色。每节分枝 3,上部 5,每小枝具叶 2－3 枚,无叶耳及缝毛,叶舌突出明显,叶片带状披针形,长 10－18 cm,宽 1－2 cm。

分布:贵州独山嘎豪寨。

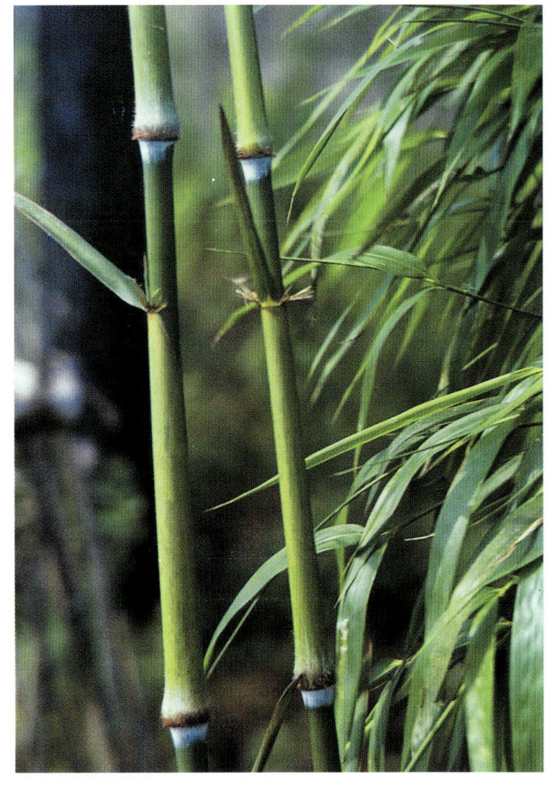

◎ 独山唐竹 *S. dushanensis*

白皮唐竹

S. farinose (McClure) Wen

秆高 5 m,直径 2 cm,节间长 40－60 cm,幼秆密被白粉,老秆节下具白粉,箨环木栓质,初被黄色刚毛。箨鞘早落,矩形,灰绿色,厚被白粉,被脱落性棕黑色刺毛,基部尤密,边缘有棕黑色细纤毛;箨耳中度发达,棕黑色,镰刀形,被粗毛,边缘缝毛长达 14 mm,直立而粗糙;箨舌短,弓状隆起,表面具粗毛,边缘有细纤毛;箨叶绿色,直立或开展,线状披针形。分枝 3,小枝具叶 3－6 枚,叶片披针形或矩圆状披针形,长 6－18 cm,宽 1－2 cm,叶耳近缺如。

分布:广东、江西、福建、浙江等地。

◎ 白皮唐竹 *S. farinose*

杠竹

S. henryi（McClure）C. D. Chu et C. S. Chao

秆高 7－13 m，直径 3－8 cm，节间长 30－60 cm，幼秆疏生脱落性毛，节下具白粉，秆环甚隆起，箨环木栓质，初被刚毛。箨鞘革质早落，薄被白粉，密生黑棕色刺毛，基部具长硬毛，边缘具黑棕色纤毛；箨耳极粗糙，基部箨上小，上部箨上发育良好，缝毛粗硬，黑棕色或草黄色，长达 10 mm；箨舌极短，先端弓形，边缘具细毛；箨叶直立，披针形，基部略收缩，两面无毛，边缘具糙毛，宽度为箨舌之半。小枝通常具叶 3－5 枚，下部小枝之叶耳常发达，叶舌极短。叶片披针形或椭圆状披针形，长 8－15 cm，宽 1.5－2.3 cm，下表面被细柔毛。

分布：广东、广西等地。

毛环唐竹

S. incana Wen

秆黄绿色，屈曲，具纵脉，节间近半圆形，节极为隆起，箨环木栓质，初被细柔毛。箨鞘疏生黄褐色刺毛，毛脱落后留下深陷之凹迹，近基部边缘被白色细柔毛；箨耳微弱，枕状，不伸出，表面被褐色绒毛；箨舌先端弓状隆起，表面被褐色细毛，近基部尤密，先端边缘具短纤毛；箨叶近锥状，直立不皱。小枝具叶 2－4 枚，叶片披针形至狭披针形，较小，长 5－8 cm，宽 0.7－1 cm，两面无毛，叶耳缺如或不明显，肩毛数条纤细。

分布：广东。

晾衫竹

S. intermedia McClure

秆高 5 m，直径 2 cm，节间长 50－60 cm，新秆被白色柔毛，节下被白粉，箨环木栓质，密被刺毛。箨鞘绿色，先端略带紫色，被脱落性褐色刺毛，基部渐密，边缘具棕色纤毛；箨耳、缝毛极为发达，耳镰刀状，粗缝毛长达 20 mm，基部暗棕色粗糙，密被糙毛；箨舌短，弓状突起，被糙毛，先端略呈缺齿状或具纤毛；箨叶绿色，先端带紫，狭披针形，直立或上举。小枝具叶 2－4 枚，叶片卵状披针形，叶耳不明显或缺如，缝毛稀少直立，叶舌截状或弓状，被糙毛。

分布：广东、云南、浙江、福建、广西、四川等地。

◎ 晾衫竹　*S. intermedia*

肾耳唐竹

S. nephroaurita C. D. Chu et C. S. Chao

秆高 5 m，直径 2.5 cm，新秆略被白粉和白色倒生粗毛，箨环初被毛，木栓质隆起，节间长 45 cm。秆箨革质，早落，箨鞘黄绿色或黄褐色，近矩形，疏生刺毛，边缘具黄褐色纤毛或无毛，基部密生深褐色向下之粗毛；箨耳发达肾形，最大的长达 1.5 cm，高 0.9 cm，缝毛放射状，长 10－15 mm；箨舌弓状隆起，高 2－3 mm，全缘，被极细纤毛或近无毛；箨叶三角形至狭披针形，反转或开展，基部收缩。每节分枝 3 至多数，小枝扁，具叶 4－5 枚，叶耳小或无，缝毛直立，白色，长达 10 mm，叶片宽披针形至狭披针形，长 10－19 cm，宽 1.4－2.3 cm，两面无毛。

分布：广东、广西、四川等地。

红舌唐竹

S. rubroligula McClure

秆高 2 m，直径 0.8 cm，节间长达 27 cm，近实心，节间灰绿色，见阳光面棕紫色，节下白粉环，节肿胀，箨环木栓质，初具细刚毛。箨鞘绿色，先端带紫，基部密生紫色刚毛，边缘具纤毛；箨耳缺如，缝毛无或少数直立；箨舌紫色，先端弓状，被糙毛，边缘完整；箨叶绿色，先端与边缘带紫，反转，外表面被绒毛。发枝低，小枝具叶 5－7 枚，叶片披针形或椭圆.状披针形，长 9－22 cm，宽 0.8－2.6 cm，具发达叶耳及缝毛，叶片下表面初具细柔毛。

分布：广东。

糙耳唐竹

S. scabrida Wen

秆高 5 m，直径 1.5－2 cm，初被白粉，节内及节下尤密，箨环木栓质，初被褐色茸毛。箨鞘革质，三角状，被脱落性褐色刺毛，毛脱后留下凹迹，基部被较密茸毛；箨耳中等发达，长椭圆形，深褐色，被褐色糙毛，边缘有缝毛；箨舌弓状突起，边缘具短纤毛；箨叶披针形，坚硬直立，基部收缩。小枝具叶 3－4 枚，叶片披针形至狭披针形，长 8－11 cm，宽 1.1－1.8 cm；基部钝圆，两面无毛。叶耳缝毛缺如，叶舌短截状，无毛。冬季出笋。

分布：广西。

胶南竹

S. seminuda Wen

秆高 4 m，直径 1.5 cm，节间长 40 cm，半圆筒形或扁平，屈曲，幼秆节下被白粉，箨环木栓质，初被细绒毛与较长茸毛。箨鞘绿色被较厚白粉，光滑无毛，边缘具白色纤毛，基部边缘有棕色长茸毛密生；箨耳发达，淡紫色，镰刀状，直立上举，缝毛发达，箨耳及缝毛基部均有短粗毛（上部秆箨箨耳微弱）；箨舌弓状，高 2 mm，先端有细纤毛；箨叶绿色，狭三角形，直立或外翻，基部不收缩。每节分枝 3 枚，小枝具叶 5－6 枚，叶片通常为披针形至阔披针形，长 9－18 cm，宽 1.1－2.3 cm，叶耳不发达或较发达，缝毛少许，新生叶甚大，长达 25 cm。

竹材易割裂，可供篾用。

分布：福建、云南。

◎ 胶南竹 *S. seminuda*

花箨唐竹

S. striata Wen

别名：花壳唐竹。

秆高达 10 m，直径 5 cm，节间长达 65 cm，幼秆节下被白粉，具直立脱落性短刚毛，箨环木栓质，初被粗毛。箨鞘革质三角形，先端急尖，绿色并间有紫褐色宽条纹，被褐色短硬刺毛，毛脱后留有小珠状根点，边缘秃净，基部常无毛或有时具褐色粗毛；箨耳椭圆形，边缘细缝毛四射；箨舌山峰状突起或弧形；箨叶长三角形，绿色，边缘具紫色纤毛。小枝具叶 2 枚，叶耳及缝毛缺如，叶片披针形，长 9—16 cm，宽 1.2—1.8 cm，下表面被微毛，叶鞘无毛。

秆高大通直，宜劈篾编织，为优良用材竹种。

分布：江西。

◎ 花箨唐竹 *S. striata*

唐竹

S. tootsik (Sieb.) Makino

别名：苦竹(《中国竹类植物志略》)、疏节竹（《中国植物图鉴》)。

秆高 4－7 m，直径 2.5－4 cm。幼秆深绿色，无毛，被白粉，节下白粉环明显，节间长 40－60 cm，或更长，秆环隆起，箨环木栓质隆起。秆箨早落，革质，初略带淡红棕色，基部紫红色，被棕褐色刺毛，基部边缘密被金黄色茸毛；箨耳自基部箨向上渐增大，卵形至镰刀形，边缘具屈曲长緌毛；箨舌弓状突起，高 4 mm；箨叶披针形至长披针形。分枝常为 3 枚，叶片披针形或狭披针形，长 6－22 cm，宽 1－3.5 cm。笋期 5 月。

秆形优美，篾性脆，笋味苦，可供观赏。

分布：广东、福建、四川。浙江有栽培。

◎ 唐竹　*S. tootsik*

花叶唐竹

S. tootsik f. *albo-striata* Muroi

竹叶具艳丽的白色或黄色纵条纹而区别于原变型。

◎ 花叶唐竹　*S. tootsik* f. *albo-striata*

十四、筇竹属

Qiongzhuea Hsueh et Yi

平竹

Q. communis Hsueh et Yi

别名：冷竹、油竹（四川、湖北），冷浸竹、箐竹（四川）。

秆高 3－7 m，直径 1－3 cm，节间长 15－18 cm，基部节间略方形或圆筒形，平滑无毛。秆箨早落，纸质或厚纸质，笋期为墨绿色，后为浅黄褐色，平滑无毛；无箨耳；箨叶三角形或锥形，长 0.5－1.1 cm；箨舌圆弧形，无毛，高约 1 mm。每节分枝通常 3 枚，叶片披针形，长 5－12 cm，宽 0.8－2 cm，背面具微毛。笋期 5 月。

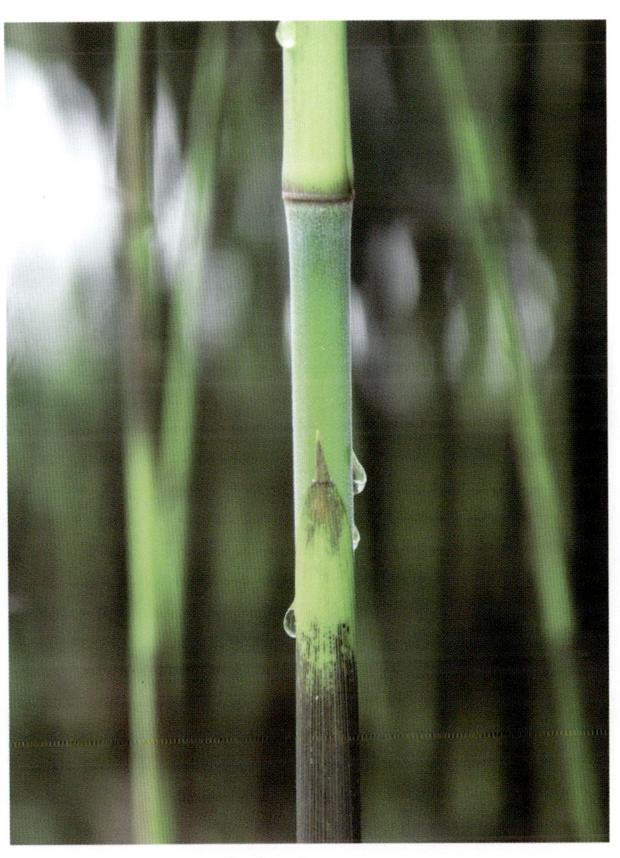

◎ 平竹　*Q. communis*

竹材篾质柔软，韧性强，适于编织竹席。幼竹供造纸和作竹麻编草鞋。笋供食用。

分布：四川、湖北、贵州，海拔 1600 m 之中山地带。

细秆筇竹

Q. intermedia Hsueh et D. Z. Li

别名：冷竹。

秆高 1.5－3.5 m，直径 0.4－1 cm，节间长 10－15 cm，基部近实心，幼时微被白粉；秆环在分枝以上明显隆起呈脊。箨鞘早落，长不及节间之 1/2，疏被易落之黄棕色小刺毛或几无毛；箨舌高 1 mm，具柔毛；箨叶长 0.5－0.8 cm，直立。每节分枝 3 至多数，叶片长 10－20 cm，宽 2－3 cm。笋期 4 月。

分布：四川。

光竹

Q. luzhiensis Hsueh et Yi

秆高 2.5－5 m，直径 1－2 cm，节间长 10－20 cm，圆筒形或有时具 4 个棱；秆环平，箨环隆起，幼秆箨环上具淡黄褐色刚毛。秆箨革质，宿存，红褐色或淡黄褐色，被稀疏刺毛；无箨耳，繸毛 3－5 枚，长 2－5 mm；箨舌截平形，淡黄褐色，高约 1 mm，先端齿状，具短柔毛；箨叶直立，三角形或线状披针形，紫褐色，基部窄于鞘顶。叶片纸质，披针形，长 7－30 cm，宽 0.6－2.4 cm，无毛。

分布：广东。

大叶筇竹

Q. macrophylla Hsueh et Yi

别名:小罗汉竹、白罗汉竹(四川马边)。

本种很近似筇竹 *Q. tumidinoda*,但其秆较细瘦,秆环肿胀较低矮,笋淡绿紫色,无毛。箨鞘背面无毛,鞘口无缝毛。叶片宽大,矩圆状披针形,长 11—21 cm,宽 1.6—3.9 cm,次脉 5—8 对,容易区别。

笋味鲜美,供食用甚佳;也可供栽培观赏。

分布:四川雷波、马边等地。

雷波大叶筇竹

Q. macrophylla f. *leiboensis* Hsueh et D. Z. Li

与原变型区别在于秆初时略被白粉,节间较长,达 31—36 cm,叶片更长大,长达 21—26 cm,宽 3.2—5 cm,次脉 7—8 对。

分布:四川雷波。

三月竹

Q. opienensis Hsueh et Yi

秆高 2—7 m,直径 1—5.5 cm,节间长 10—25 cm,圆筒形或有时基部数节略呈方形,绿至黄绿色,无毛,无白粉,节较平。箨鞘紫褐色,秆箨早落,顶端呈圆弧形,背面具稀疏之褐色小刺毛,边缘密生黄褐色纤毛;无箨耳;箨舌紫褐色,全缘,高约 1 mm;箨叶三角形或锥形。每节分枝 1—5 枚,小枝纤细,顶端具叶 1—2 枚。叶片披针形,背面具微毛。笋期 4—5 月。

分布:四川。

柔毛筇竹

Q. puberula Hsueh et Yi

别名:油竹。

秆高 4—5 m,直径 1.5—2.5 cm,新秆具微毛,节下尤密,无白粉;箨环隆起,初具棕色小刺毛。箨鞘革质,具棕色刺毛,边缘密被刚毛,先端截平或弧形;无箨耳,鞘口缝毛 2—3 枚;箨舌截平或弧形,高 1 mm;箨叶直立,三角形。枝节下常具微毛,每小枝具叶 2—4 枚,叶鞘二肩具 3—5 枚缝毛,叶片披针形,纸质,长 10—19 cm,宽1—1.6 cm。笋期 10 月。

笋味美,供食用;秆可篾用或造纸。

分布:贵州六枝特区。

实竹子

Q. rigidula Hsueh et Yi

秆高 2—6 m，直径 1.5—3 cm，节间长 10—20 cm，略呈四方形或圆筒形，无毛。箨鞘无毛或有时具稀疏小刺毛，早落，纸质至厚纸质，边缘密生黄褐色纤毛；箨耳缺失，无缝毛；箨舌截平形，无毛；箨叶三角形或锥形，无毛，易脱落。小枝具叶 1—2 枚，叶片披针形，长 7—13 cm，宽 8—17 cm。笋期 9 月。

笋味鲜美，较方竹脆嫩，外销日本；秆材供编织、拖把棍、篱笆和造纸等用。

分布：四川南部海拔 1300—1700 m，常成纯林。

筇竹

Q. tumidinoda Hsueh et Yi

别名：罗汉竹（云南），宝塔竹、算盘竹（四川）。

秆高达 6 m，直径 1—3 cm，节间长 10—25 cm，基部数节近实心；秆环强烈隆起如二盘扣合状，箨环具鞘残留物，幼时被棕色刺毛。箨鞘紫红或紫带绿色，早落，背面脉间被棕色疣状刺毛，边缘密生长纤毛；无箨耳，缝毛长 2—3 mm；箨舌高 1—1.3 mm，圆弧形，密生小纤毛；箨叶直立，长 0.5—1.7 cm，每节分枝 3 枚，叶片狭披针形。笋期 4 月。

秆节奇形，枝叶纤细，为优良的观赏竹种。秆是制作手杖和工艺品的上等材料，筇竹手杖远在汉唐时就已运销国外。笋肉厚、质脆、味美，多制作笋干大量外销。

分布：四川、贵州、云南。

◎ 筇竹 *Q. tumidinoda*

◎ 筇竹 *Q. tumidinoda*

十五、月月竹属

Monstruocalamus Yi

月月竹

M. sichuanensis (Yi) Yi

别名:月竹、月月苦(四川)。

秆高 2—4.5 m,直径 0.8—2 cm,节间长 15—30 cm,幼时节下微被白粉。箨鞘迟落或宿存,紫绿色或紫色转枯草色,疏被黄棕色刺毛,基部具一圈黄棕色密毛;箨耳缺失,缱毛 2—3 枚,易落;箨舌截平形,高约 1 mm,先端具纤毛;箨叶细长披针形,外翻。每节分枝 3 至多枚,主枝不明显,叶片披针形,长 10—26 cm,宽 1.5—3 cm。笋期 7 1 月。

出笋期长,繁殖力强,竹姿优美,常栽培作绿篱或用作庭园绿化。

分布: 四川,生于海拔 400—1200 m 之平原、丘陵和山地。浙江等地有引种。

十六、几个较常见的丛生竹

花竹

Bambusa albo-lineata Chia

别名：绿篱竹、白条青皮竹、火广竹、火吹竹、火管竹。

秆高 4－10 m，直径 2－5 cm，节间长 25－60 cm，秆下部的节于箨痕之上环生一圈子灰白色纵条纹。秆箨革质，鲜时绿色淡黄色条纹，背部被暗棕色贴生刺毛；箨耳不等大岩石耳椭圆形，小耳常与箨叶基部相连而无明显分界线；箨舌高 1－1.5 mm；箨叶三角形，长度约为箨鞘全长的 1/2 左右，基部稍作圆形收窄，宽度约为箨鞘先端宽的 5/7。

作观赏及绿篱用。

分布：广东、福建。

◎ 花竹 *Bambusa albo-lineata*

粉单竹

B. chungii McClure

别名：单竹(竹谱)、丹竹、猎蹄竹、高节单竹、双眉单竹、白粉单竹、白粉章竹(广东)。

秆高 3－10 m，直径 4.5－6.0 cm，节间壁薄，厚被白粉，长 40－80 cm，或更长；箨环上于解箨后留有一圈脱落性倒向性棕色刺毛，分枝多数簇生，粗度相若。箨鞘被白粉及黑色刺毛，尤以基部中间为甚；箨耳狭长圆形，边缘具纤毛；箨舌高仅 1－1.5 mm，边缘齿状或被较短纤毛；箨叶外翻，卵状披针形，腹面密生短刺毛，近基部还密生一丛长柔毛。叶片线状披针形至长圆状披针形，大小变异较大，长 7－21 cm，宽 1－3.5 cm，背面初时被短柔毛。

秆材为优质编织用材造纸原料；竹针(竹芯)、竹髓部分可供药用入服，用以清热和眼疾；竹茹可制作凉茶；本种因竹秆厚被白粉，且丛态秀美，亦是庭园观赏佳品。

种名为纪念广州岭南大学前校长钟荣光教授而命名。

分布：福建、广东、广西等。浙南、四川、湖南有栽培。

◎ 粉单竹 *B. chungii*

◎ 粉单竹 *B. chungii*

坭竹

B. gibba McClure

别名:水黄竹。

秆中部 8—10 m,径 3—6 cm,尾梢近直立;节间长 20—35 cm,基部略肿胀,幼时被白粉,贴生向上的灰白色或棕色刺毛;秆中部以下节之次生枝有时变化为软刺。箨鞘黄绿色转褐黄色,初时贴生稀疏深褐色易脱落之刺毛,早落;先端为不对称圆形,一侧耸起成三角形;箨耳极不相同,大者卵形,比圆形的小者大 2 倍。繸毛淡色,长 5—7 mm;箨舌高 1—2 mm;箨叶直立长三角形,易脱落,基部一侧常延伸,背面无毛,腹面有细刺毛。叶片披针形,和 15—20 cm,宽 2—3.5 cm,两面近无毛或被稀疏绒毛。

可种植作围篱;竹材宜作棚架、农具,家具,亦可破篾用于土法榨油。

分布:广西、广东。

◎ 坭竹 *B. gibba*

孝顺竹

B. multiplex（Lour.）Raeuschel ex Schult. f.

别名：凤凰竹、观音竹、蓬莱竹。

秆高 2－8 m，直径 1－4 cm，梢端微弯，节间长 20－40 cm，圆柱形；幼时被白粉及浅棕色小刺毛。分枝簇生，粗度近相等。箨鞘厚纸质硬脆，早落，背面被白粉，无毛，先端呈不对称宽弧形；箨耳缺如或极细小，边缘疏生细刚毛；箨舌高 1－1.5 mm，全缘或微有细齿裂；箨叶直立，狭三角形，与箨鞘近等长，基部下延且与箨鞘顶端顶宽，腹面于脉间有小刺毛。每小枝具叶 5－10 枚，叶片披针形，长 4－16 cm，宽 0.5－2.0 cm，下面密生短柔毛。

秆材坚韧，可劈篾编织、代绳索捆缚脚手架，也是造纸的好材料。丛态优美，可作绿篱或庭园观赏竹种。

分布：长江以南各省，为我国较耐寒的丛生竹种之一。

◎ 孝顺竹 *B. multiplex*

◎ 孝顺竹 *B. multiplex*

毛凤凰竹

B. multiplex var. *incana* B. M.Yang

与原变种的区别，在于它的秆箨背面密被灰白色倒毛和短绒毛。

观音竹

B. multiplex var. *brivierorum* R. Maire

秆密集丛生，高 1－3 m，直径 0.3－1.0 cm，实心。小枝长 30 cm，柔软而下弯；每小枝具叶 13－23 枚，叶片披针形，于小枝上排成二列，形似羽状复叶，叶片披针形，长 1.6－7.5 cm，宽 0.26－0.8 cm。

本变种主要因其竹丛矮小，丛态优美，多用于观赏，即作庭园种植、绿篱，或作盆栽。

分布：同孝顺竹。

石角竹

B. multiplex var. *shimadai* (Hayata) Sasaki

别名：观音竹。

可栽植为绿篱或耕地防护林。

分布：我国华南诸省和台湾地区的平地及山麓。

小琴丝竹

B. multiplex 'Alphonse-karr'

别名：花孝顺竹。

与原变型的区别在于其黄色竹秆上间有绿色条纹。

因丛态优美且秆色秀丽，而成为庭园观赏或盆栽的上佳材料。

凤尾竹

B. multiplex 'Fernleaf'

秆密丛生，矮细但空心；秆高1－3 m，直径 0.5－1.0 cm.，具叶小枝下垂，每小枝有叶 9－13 枚，叶片小型，线状披针形至披针形，长 3.3－6.5 cm，宽 0.4－0.7 cm。

利用其枝纤叶小低矮密丛生的形态，用于布置庭园作矮绿篱。

◎ 凤尾竹 *B. multiplex* 'Fernleaf'

银丝竹

B. multiplex ‘Silverstripe’

别名：牛筋竹(广西)。

与原变型的区别为在其绿色的秆和箨鞘上，有时甚至叶片上间有黄白色条纹，故而成为庭园观赏佳品。

撑篙竹

B. pervariabilis McClure

别名：篙竹、泥竹、虾须竹、油竹。

秆高 10—15 m，直径 4—6 cm，节间长 20—45 cm，壁厚达 8 mm，表面绿色，幼时被白粉和易落白色细毛；基部节间具黄白色条纹，节上环生灰白色毛环。分枝坚挺且低。秆箨绿色，具淡色纵条纹，厚纸质，箨鞘先端呈不对称的圆拱形；箨耳明显，均具皱折，边缘具流苏状卷曲縫毛，大耳椭圆形下延，约比小耳大 1 倍，小耳卵形；箨舌高 2—5 mm，边缘锯齿状；箨叶直立，长三角形，背面无毛，腹面有细刺毛。叶片长披针形，长 9—14 cm，宽 0.7—2.5 cm，背面密生短柔毛。

竹材坚实挺直，可作棚架、撑篙、农具、家具及建筑用材，亦可劈篾编织竹器。节间去皮刮下中层为“竹茹”，可入药用以清热、治吐血和小儿惊病等症。

分布：广东、广西、福建等地的河岸或低丘，喜疏松湿润土壤。

花撑篙竹

B. pervariabilis var. *viridi-striata* Q.H.Dai et X.C.Liu

秆黄色。间不规则绿色纵条纹而区别于原变种。

分布：广西融水，各地多有引种栽培。

◎ 花撑篙竹 *B.pervariabilis* var. *viridi-striata*

硬头黄竹

B. rigida Keng et Keng f.

秆高 6－12 m，直径 2－6 cm，节平，新秆被白色蜡粉，无毛，节间长 30－50 cm，主枝明显。箨鞘灰绿色，背面贴生易脱落之小刺毛，先端形或中部微隆起呈斜弧形；箨舌矮，2－4 mm，啮蚀状；箨叶直立，三角形或狭卵形，常比鞘短，基部稍收缩，并向两侧延伸成 2 枚大小不一显著箨耳，一为椭圆形，一为卵形，皱褶不平，边具波折状长缝毛。每小枝具叶 5－12 枚，叶片矩形，长 7－25 cm，宽 1－3 cm，腹面深绿色，无毛，背面粉绿色，有细柔毛，尤以近叶柄处较明显。笋期 7－9 月。

秆通直，材坚厚，可作撑篙、棚架、农具柄等，也是造纸的好材料。笋苦，能食用。

分布：广东、广西、四川、福建、江西等省的山脚、路旁及河边。

青皮竹

B. textilis McClure

别名：篾竹、山青竹、地青竹、黄竹、小青竹。

秆高 6－10 m，直径 3－5 cm，先端下弯，节平，节间长 35－60 cm，幼时被白粉并密生向上淡色刺毛；分枝粗细相若。箨鞘厚革质，坚硬光亮，先端微凸呈不对称的宽弧形，背面常无毛或近基部贴生暗棕色易落柔毛；箨耳狭小，长圆形，近相等；边缘缝毛波折状；箨舌高 1－2 mm，边缘齿裂并被短纤毛；箨叶直立，长三角形或卵状三角形，基部略作心形收缩，背面无毛，腹面粗糙。每小枝具叶 8－12 枚，叶片披针形，长 9－25 cm，宽 1.0－2.5 cm，下面密生短柔毛。

秆通直，干后不易开裂，节平而疏，纤维坚韧，为优质篾用竹种之一，用作编制工艺品和各种竹器。整秆亦可制家具或作造纸材。

分布：广东、广西、福建等。浙江、江西有引种。

◎ 青皮竹　*B. textilis*

椽竹

B. textilis var. *fasca* McClure

别名：禄竹、温州水竹。

本变种与原变种的区别在于秆箨背面多少被棕色刺毛，箨叶较箨鞘短。

竹节平滑，竹篾柔韧，拉力强，为竹编织品的上等材料。

崖州竹

B. textilis var. *gracilis* McClure

本变种与原变种的区别在于竹秆较细矮，秆高 3－5 m，径 1－6 cm，节间被极稀疏的刺毛或近无毛，用手摸之有暗节感；箨鞘短，箨叶与箨舌均矮。

分布与用途同青皮竹，但使用时质量较差。

紫线青皮竹

B. textilis 'Maculata'

与原变型的区别在于其竹秆和笋箨部具紫色条纹，但因节间具有紫色条纹而有一定观赏价值。

◎ 紫线青皮竹 *B. textilis* 'Maculata'

紫秆竹

B. textilis 'Purpurascens'

该栽培变型与青皮竹的主要区别在于竹秆具紫色条纹乃至全秆变为紫色。

大木竹

B. wenchouensis（Wen）Q.H.Dai

别名：木竹。

秆高达 16 m，直径 8－10 cm，壁厚 16－20 mm，节间圆筒形，长 35－50 cm，初时被细柔毛，节内被绒毛；箨环隆起，解箨后留有一圈残留物。箨鞘革质，钟形，先端凹陷，具流苏状毛，背面密被褐色刺毛，边缘无毛；箨耳缺或微弱；箨舌高 2 mm，中央及两肩稍隆起，边缘有纤毛；箨叶强烈反转，披针形，基部呈心形收缩，宽为箨鞘先端的 1/3，两面具细绒毛，纵脉间还有刺毛叶片宽披针形，基部钝圆，两边具细锯齿，背面被细绒毛。

秆高大，壁厚，可劈篾编制农具及制作近海捕捞之缆索。

分布：浙江南部和福建。

苦绿竹

Dendrocalamopsis basihirsuta（McClure）Keng f. et W. T. Lin

别名：扁竹（中国竹谱、香港竹谱）。

秆高 7－12 m，直径 4－8 cm，节间长 20－30 cm，新秆薄被白粉及稀疏脱落性刺毛。箨鞘早落，厚革质，绿色，被白粉及棕褐色刺行，尤以基部中央毛多，先端近截形；箨耳细小，向外翻，边缘被细刚毛；箨舌高 2 mm，细齿状，先端被短纤毛；箨叶三角形，直立腹面具刺毛。叶片长椭圆形，长 10－20 cm，宽 2－3.5 cm，背面密生短柔毛。

分布：广东、福建南部。广西、江西、闽北有引种。

◎ 苦绿竹 *Dendrocalamopsis basihirsuta*

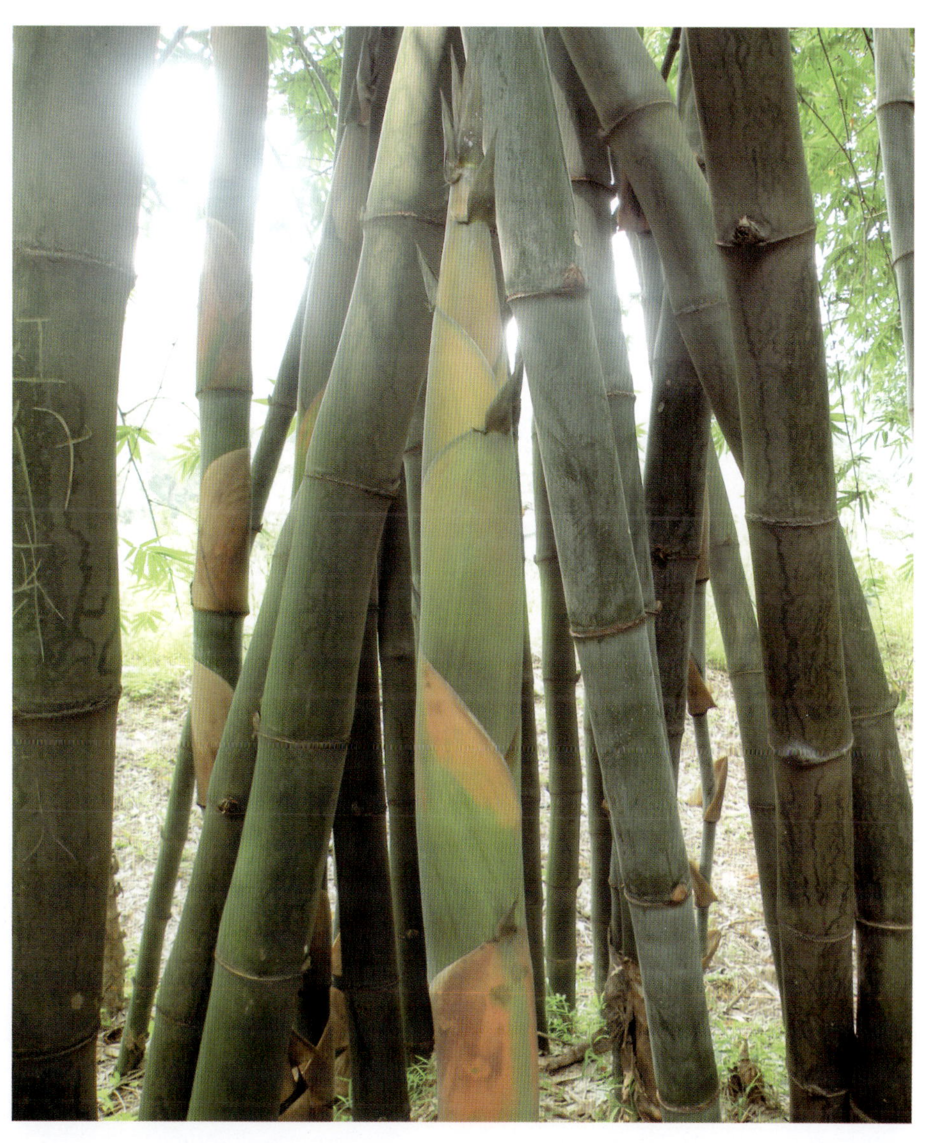

◎ 吊丝球竹 *D. beecheyana*

吊丝球竹

D. beecheyana (Munro) Keng f.

别名:甜竹、马尾竹、大头典、大头竹、坭竹(均广东)。

秆高 8—12 m,直径 6—10 cm,顶端弯曲弧形,下垂呈钓丝状,节间长 30—35 cm,幼时被白粉和易脱落的稀疏微毛;秆基部数节的秆环上有根点及毯毛状毛环。箨鞘长圆口铲形,背面贴生深棕色或黑色刺毛,以基部较密集;箨耳细小,反曲,边缘缘毛曲折,细弱;箨舌显著伸出,高 4—5 mm,顶端截平形,边缘齿状;箨叶卵状披针形,略反转或直立,背面无毛,腹面被深棕色或丝白色细毛。叶片矩形状披针形,大小变化大。

竹材坚硬,可作建筑、竹排、水管等。笋肉肥厚、味美。

分布:广西、广东、海南等地,常见于河岸、村边和路旁。

绿竹

D. oldhami (Munro) Keng f.

别名：甜竹、吊丝竹（广西）、坭竹、石竹、毛绿竹（广东）、乌药竹、长枝竹、郊脚绿（台湾）。

秆高 6－9 m，直径 5－8 cm，直节间长 20－30 cm，初时被白色蜡粉，光滑无毛；节平无毛，分枝高，枝多数簇生，主枝明显。箨鞘黄绿色，质地硬脆，背面贴生棕色刺毛，以后则无毛而具光泽；箨耳微小，鞘口䍁毛纤细；箨舌矮，高约 1 mm，顶端截平，边缘全缘；箨叶直立，三角形或长三角形，基部与鞘口等宽，背面无毛，腹部粗糙。

笋味鲜美，俗称“马蹄笋”，为最著名笋用竹种。秆可作家具、农具或劈篾编织竹器，或作造纸材料。其中层竹材可入药，有解热之效。

分布：我国浙南、福建、台湾、广东、广西和海南等地，多见于山谷、河边。

◎ 绿竹　*D. oldhami*

◎ 绿竹 *D. oldhami*

麻竹

Dendrocalamus latiflorus Munro

别名:大头竹、甜竹、吊丝甜竹、青甜竹、大大叶乌竹、马竹等。

秆近直立,高达 25 m,直径 8—25 cm,节间长 30—50 cm,幼秆表面被白粉,节微隆起,秆基数节于节下具黄棕色毯毛状毛环,并于秆环上具根点。箨鞘呈圆口铲状,顶端两肩广圆,鞘口甚窄,背面被易落之稀疏棕色刺毛;箨耳微弱,线形外翻,鞘口缕毛稀少;箨舌高 2—4 mm,边缘细齿状;箨叶翻转,卵状披针形。叶片大型,长 18—30 cm,宽 4—8 cm。笋期 7—9 月。

笋味鲜美,为优良笋用竹种。竹秆可扎排,作水管及建筑用材。

分布:广东、广西、云南、贵州、福建、台湾等地。浙南、赣南有引种栽培。

◎ 麻竹 *Dendrocalamus latiflorus*

吊丝竹

D. minor (McCure) Chia et H.L.Fung

别名:乌药竹。

秆高 6—8 m,直径 3—6 cm,顶端呈弓形弯曲下垂,节间长 30—40 cm,幼秆被白粉,尤以鞘包裹处更显著,无毛;节稍隆起,幼秆基部数节于秆环和箨环下方,各有一黄棕色毯状毛环,箨鞘青绿色,干后为枯草色,呈长圆口铲状,顶端两侧广圆,背面贴生棕色刺毛,习俗中下部圈阅多,边缘上部有细毛;箨耳极小,缕毛细弱,易脱落;箨舌高 3—6 mm,顶端截平形,边缘被流苏状毛,以两侧较长长达 6—8 cm;箨叶卵状披针形或披针形,反折,背面无毛,腹面基部及两边缘有细刺毛。叶片矩状披针形式。

秆可作棚架、农具柄及劈篾编织竹器。

分布:广东、广西、贵州等地。云南、浙南有引种栽培。

◎ 花吊丝竹 *D. minor* var. *amoenus*

花吊丝竹

D. minor var. *amoenus*（Q. H. Dai et C. F. Huang）Hsueh et D.Z.Li

本变种与吊丝竹主要区别在于秆节间浅黄色，间有 5－8 条深绿色条纹，甚为美丽。

竹秆用途与吊丝竹相同。其秆浅黄色而间有深绿色条纹，甚为美丽，可作庭园观赏竹种。

分布：广西广东，为丘陵及石灰岩山地常见竹种。

参考文献

[1] 朱石麟,马乃训,傅懋毅,等. 中国竹类植物图志[M]. 北京:中国林业出版社,1994.

[2] 耿伯介,王正平.中国植物志:九卷[M]. 北京:科学出版社,1996.

[3] 铃木贞雄.日本タケ科植物总目录[M]. 东京:株式会社学习研究社,1978.

[4] 马乃训,张文燕. 中国珍稀竹类[M]. 杭州:浙江科学技术出版社,2007.

[5] 李书春,吴诗华,陈绍云. 浙皖刚竹属一新种[J]. 植物分类学报,1982,20(4):492-493.

[6] 温太辉.中国唐竹属的研究及其他(之一)[J]. 竹子研究汇刊,1982,1(2):7-30.

[7] 温太辉.江南竹类新植物[J].竹子研究汇刊,1989,8(1):13-24.